实用卫星遥感超分辨率理论及应用

周春平　宫辉力　著

科学出版社

北京

内 容 简 介

　　本书是一本比较系统、全面地论述实用卫星遥感超分辨率理论及应用的专著，从遥感应用的角度出发，简单说明了超分辨率的概念，论述了卫星遥感超分辨率研究的技术理论和应用的国内外现状，重点突出了卫星采样模式的研究，提出了系列化的星–地结合提高分辨率的方法。

　　本书包含的研究成果，是提高卫星空间分辨率理论和技术的一个知识创新和突破。该成果的应用将会促进我国航天遥感能力的提升；同时，也可以应用于图像处理以及其他类似的数字化设备中，以提高其图像的空间分辨率。本书可供各类从事遥感研究及应用的技术人员参考使用。

图书在版编目（CIP）数据

实用卫星遥感超分辨率理论及应用／周春平，宫辉力著．—北京：科学出版社，2016.6

ISBN 978-7-03-048378-2

Ⅰ.①实… Ⅱ.①周…②宫… Ⅲ.①卫星遥感–高分辨率–研究

Ⅳ.①TP72

中国版本图书馆 CIP 数据核字（2016）第 114925 号

责任编辑：王　运／责任校对：何艳萍
责任印制：徐晓晨／封面设计：耕者设计工作室

科　学　出　版　社 出版

北京东黄城根北街 16 号
邮政编码：100717
http://www.sciencep.com

北京科印技术咨询服务公司 印刷
科学出版社发行　各地新华书店经销

*

2016 年 6 月第　一　版　　开本：720×1000　1/16
2017 年 2 月第二次印刷　　印张：13 1/2
字数：260 000

定价：108.00 元
（如有印装质量问题，我社负责调换）

序

卫星遥感具有覆盖面大、持续时间长、实时性强、不受国界地（水）域限制等独特优势，被广泛地应用于资源开发、环境监测、灾害研究、全球变化分析等领域，深受各国的高度重视。卫星图像的空间分辨率是衡量卫星遥感能力的一项主要指标，也是衡量一个国家航天遥感水平的重要标志。提高卫星空间分辨率已成为卫星工程技术研究的前沿，超分辨率（super-resolution）技术就是其中提高图像空间分辨率技术的途径之一。近年来，国内外很多大学和研究院所都在相关领域开展了大量研究工作，取得了可喜的成果，德美三位科学家因超分辨率显微镜获 2014 年诺贝尔化学奖。

超分辨率技术是从一幅或多幅低分辨率图像中获取高分辨率图像的处理过程，被广泛地应用于不同的研究领域，如卫星和航空图像处理、医学图像处理、红外图像处理、工业检测、图像压缩和视频增强、字符自动读入、虹膜和人脸识别、指纹图像增强等。

该书两位作者合作多年，在遥感卫星超分辨率方面开展了系列研究工作，包括单幅图像的超分辨率复原、多幅图像的超分辨率重建和星–地结合的超分辨率工程实现等，取得了卓有成效的系列研究成果，包括部级科技成果进步奖和国家技术发明奖。

作者在书中全面系统地介绍了超分辨率的概念，运用了数字仿真成像模拟方法，研究了单幅和多幅图像的超分辨率算法，提出的"定差图像高分辨率重构法"，使用两个错位重叠的 CCD 阵列重构后，其图像分辨率提高到原图像的 1.5 倍左右。在可见光单幅图像的超分辨率研究中，提出了四叉树分解混合像元的新思路，结合边缘检测、权重分析等，建立了"基于权重分析的混合像元四叉树分解法"和"基于边缘检测的混合像元四叉树分解法"，图像的空间分辨率有了较好的提高。

创新是科技的灵魂。在星–地结合的超分辨率研究中，作者突破传统思维，将硬件上的卫星 CCD 阵列设计和软件上的图像重建模型巧妙地结合起来，提出了一种创新性图像获取模式——"斜模式"采样法。该方法突破了传统的图像采样模式，通过倾斜 45°采样，从数据的源头解决提高卫星空间分辨率的根本问题，可有效提高卫星图像的空间分辨率，在工程应用中易于实现，对我国新一代可见光和红外卫星有效载荷设计具有重要的参考价值。

在红外图像超分辨率研究方面，作者深入研究了红外成像采样的两种模式——高模式和超模式，首次提出了"红外相机超分辨率的采样方法"。该方法于 2004 年获国防发明专利，获"第五届中国国际发明展览会"金奖、"波兰发明协会专项奖"（Prize of Association of Polish Inventors）。它不同于应用数据融合的方法提高卫星图像的可视化效果，也不同于不涉及星上仅用地面数据提高卫星空间分辨率的研究，具有更切实的实用价值，可以提高红外传感器图像的空间分辨率。

与时俱进，坚持不懈。针对面阵相机，作者又提出了创新的卫星相机采样模式、图像处理方法，为卫星相机的设计改造和地面图像处理提供技术支持。在相机光学系统允许的前提下，相机分辨率提高到 1.5~2 倍。这项研究以现有的相机为基础，在现有传感器件不变的条件下，可以更快的速度、较低的费用研制出新的航天遥感相机，缩短与发达国家的差距，不但可以尽快提高分辨率，而且为降低卫星成本提供了技术支撑。不但有着重要的军事、经济意义，也是提高分辨率理论和技术的突破。

该书包含的部分研究成果，是提高卫星空间分辨率理论和技术的一个知识创新和突破，其成果的应用将会促进我国航天遥感能力的提高。同时，也可以应用于其他类似的图像处理中，提高其图像的空间分辨率。

刘先林

2016.3.10

前　言

20 世纪以来，资源、环境、灾害和国家安全等问题已成为人类社会发展中的主要问题。空间对地观测是解决这些问题的重要手段之一，越来越受到各国的重视。目前由于成像系统硬件的限制，我国遥感卫星图像的空间分辨率还不很高，不能完全满足各个应用行业对高分辨率图像的需求。追求更高的分辨率已成为各国卫星的发展目标。超分辨率技术在可见光遥感和红外遥感领域的实际应用，将会提高卫星的空间分辨率，也可以在保持卫星分辨率的条件下，缩小光学仪器的焦距，使卫星相机小型化，减小其体积和重量。

本书是一本比较系统、全面地论述实用卫星遥感超分辨率理论及应用的专著，从遥感应用的角度出发，简单说明了超分辨率的概念，论述了卫星遥感超分辨率研究的技术理论和应用的国内外现状，重点突出了卫星采样模式的研究，提出了系列化的星-地结合提高分辨率的方法。全书分为 8 章：

第 1 章，绪论。介绍了空间分辨率概念，包括可见光图像分辨率定义现状、可见光图像空间分辨率定义、SAR 图像分辨率定义现状、SAR 图像的空间分辨率定义。接着论述了超分辨率概念和实用超分辨率工程应用思路，包括提高卫星空间分辨率的直接方法和为什么要研究实用超分辨率理论。

第 2 章，超分辨率成像数字仿真模拟。研究了 CCD 相机遥感成像的调制传递函数链、成像模拟过程、卫星成像扫描的几种模式等成像模拟原理。应用楔形空间分辨率测试图、热气球图像、黑白遥感图像模拟生成研究所需要的低分辨率图像。

第 3 章，单幅图像的超分辨率图像复原。介绍了该领域国内外研究发展现状和可见光单幅图像超分辨率技术路线，研究了四叉树的概念以及点四叉树和区域四叉树及应用算法，包括基于权重分析的混合像元四叉树分解算法和基于边缘检测的混合像元四叉树分解，着重描述了基于边缘检测的混合像元标识、混合像元分解模型建立及分析、基于权重分析的边缘混合像元分解、基于边缘检测的混合像元四叉树分解算法。

第 4 章，多幅图像的超分辨率图像重建。介绍了该领域国内外研究发展现状，研究了解卷积数学模型及原理和实验结果、小波变换空间域插值法理论基础和实验结果、凸集投影变权迭代法理论基础和实验结果；论述了频域解混叠算法设计思想、频域解混叠算法数学模型、频域解混叠矩阵的一般形式、频谱解混叠的并行行操作迭代算法、频域解混叠法实验结果；提出了参照系数学模型法理论；介绍了高模式的交叉和插值及超模式的交叉和插值、Landweber 算法、定差图像高分辨率重构等算法。同时，应用扫描仪进行了模拟实验，并就不同的超分辨率方法进行了比较。

第 5 章，红外成像的超分辨率工程应用。介绍了该领域国内外研究发展现状、红外成像的采样模式，论述了 Landweber 迭代法、定差图像高分辨率重构法、小波变换空间域插值法、凸集投影变权迭代法、频域解混叠算法、交叉插值法的应用以及各种提高图像空间分辨率数学模型的效果比较。

第 6 章，可见光图像超分辨率评价。提出了可见光图像超分辨率方法评价体系，研究了可见光图像超分辨率主观评价方法，包括评价设计（涵盖测评人员、测评图像、测试环境、图像处理、图像制作）、主观判读（涵盖分辨率变化评价、图像质量变化评价）、数据统计分析等。还研究了可见光图像超分辨率客观评价方法，包括可见光图像客观评价方法参数选择，包括小波域结构相似度、小波域灰度相似度、相关系数、均值、标准差、清晰度、信息熵、信噪比（SNR）、偏差指数等参数的研究。最后，研究了主客观综合评价方法。

第 7 章，SAR 图像超分辨率评价。提出了 SAR 图像超分辨率方法评价体系，介绍了 SAR 图像超分辨率主观评价方法，研究了 SAR 图像超分辨率客观评价方法，包括 SAR 图像超分辨率评价参数，涵盖空间分辨率、基于点目标的超分辨率评价参数、基于面目标的超分辨率评价参数、基于线目标的超分辨率评价参数以及超分辨率处理前后图像质量指标评价参数。同时，提出了基于点目标的 SAR 图像超分辨率评价，包括基于插值的 SAR 图像质量指标计算、SAR 图像频域插值算法、分辨率计算方法、峰值旁瓣比计算方法、积分旁瓣比计算方法。另外，还研究了基于面目标的评价指标计算方法和基于线目标的超分辨率评价。最后，对主客观综合评价方法进行了论述。

第 8 章，可见光图像的超分辨率工程应用。介绍了单线阵 CCD 超分辨率方法和 TDI-CCD 等效面阵超分辨率方法。

我们希望本书的问世，能够为我国卫星空间分辨率提高探索出创新性思路。

本书内容主要基于"首都师范大学成像技术高精尖创新中心"的"多模态传感器基元程控成像技术与应用"科研项目成果。

感谢首都师范大学资源环境与旅游学院李小娟院长和首都师范大学成像技术高精尖创新中心钟若飞主任的大力协助！

牛珂同志负责全书的统稿工作，付出了大量的心血，时春雨和赵俊保同志进行了审阅，在此一并感谢！

2013 年，作者指导首都师范大学尹志达完成了《基于 TDI-CCD 等效面阵斜模式的超分辨率重建方法研究》，部分内容也被纳入本书。

目　　录

第1章 绪 论

1.1 空间分辨率概念

目前，卫星遥感领域对分辨率的定义并不统一，这给超分辨率技术带来了一定的障碍。给可见光图像和 SAR 图像分辨率一个明确的定义，是开展超分辨率评价的基本条件。本研究从军事应用的角度出发，研究了分辨率的相关概念，给出了科学、严谨的定义，为以后超分辨率技术在军事领域中的工程化应用奠定了基础。

1.1.1 可见光图像分辨率定义现状

在所有的成像遥感手段中，光学遥感的发展历史最长，各方面的研究也最为深入。

1）在《遥感概论》（马蔼乃，1984）中，提出影像的分辨率是指组成影像的最小单元——像元（pixel）的大小和像元的灰阶或色标可加以区分的最小差异；像元的大小称为影像的空间分辨率。

2）在《遥感导论》（梅安新，2001）中，认为光学遥感图像的特征主要包括三个方面：几何特征、物理特征和时间特征。这三个方面特征的表现参数即为空间分辨率、光谱分辨率、辐射分辨率和时间分辨率。其中，空间分辨率指的是像素所代表的地面范围的大小，即扫描仪的瞬时视场，或地面物体能分辨的最小单元。

3）在《空间科学与应用》（姜景山，2001）中，把分辨率定义为地面像元分辨率和影像分辨率两种。

地面像元分辨率：地面像元分辨率指的是遥感仪器所能分辨的最小地面物体的大小。光电成像遥感器中，探测阵元接收的辐射通量是仪器瞬时视场内地物发射到成像仪的所有辐射，而不管这个瞬时视场内有多少不同性质的目标。因此，遥感器不可能分辨出小于瞬时视场的目标。瞬时视场（IFOV）与焦距和地面像元分辨率之间的关系如下：

瞬时视场（IFOV）＝探测器阵元尺寸/光学系统焦距（f）＝地面像元分辨率/卫星高度（H）

影像分辨率：影像分辨率指的是用以表示获取、传输或显示图像细节的能力，用每毫米宽度内最多能分辨的黑白相间条带的对数（lp/mm）表示。用 CCD 等光电成像遥感器获取的图像，两个像元构成空间周期（一对线）。感光胶片摄影相机等所获取的影像，通常把影像分辨率（lp/mm）所对应的地面大小作为地面分辨率，而在光电成像遥感系统中大多用一个像元所对应的地面大小作为地面像元分辨率。这两种定义的地面分辨率相差2倍。例如，SPOT卫星上的HRV多光谱和全色相机的像元分别为26μm和13μm。相机焦距 $f=0.1082$m，卫星高度 $H=832$km，其地面像元分辨率分别是多光谱20m，全色10m。它的影像分辨率为1/（26μm×2）= 19.25lp/mm、1/（13μm×2）= 38.51lp/mm。影像分辨率所对应的地面分辨率多光谱为40m，全色为20m。

4）在《空间对地观测技术导论》（王明远，2002）中，从胶片型摄影系统和CCD相机系统两个方面详细地论述了分辨率的定义。认为：

广义上遥感器的分辨率是在空间上、光谱（或频谱）上和时相上区分临近的两个遥感信号或目标的能力的量度。

胶片型摄影系统的分辨率：摄影分辨率是表示摄影底片能分辨被摄物体细节的能力。通常用感光胶片上每毫米长度内可分辨的黑白线对数（lp/mm）表示。其值与目标的反差和形状有关。

摄影系统地面分辨率的定义是遥感器摄影分辨率的每一线对所对应的地面距离。这一定义仅适用于胶片型摄影系统。

用下式可以将摄影分辨率 Rs（lp/mm）换算成摄影系统地面分辨率 ΔLg（m/lp）：

$$\Delta Lg = H/(FRs) \tag{1.1}$$

式中，ΔLg 为摄影系统地面分辨率（m/lp）；H 为卫星轨道高度（m）；Rs 为摄影分辨率（lp/mm）；F 为摄影机焦距（mm）。

CCD相机系统的分辨率：CCD相机的瞬时视场（IFOV）的定义是：与CCD像元对应的探测器的线性尺寸对相机光学系统后主点的张角，或者是探测器在目标面上的几何图像，即探测器的地面投影对遥感器的张角。根据这个定义，IFOV可用下式表示：

$$\text{IFOV} = d/f \tag{1.2}$$

式中，IFOV为瞬时视场（rad）；d 为CCD器件的像元尺寸；f 为相机焦距。

地面像元分辨率的定义为：遥感器瞬时视场（IFOV）对应的最小像元，或是与探测器单元对应的最小地面投影区域的长度。CCD相机的地面像元分辨率可用下式表示：

$$\Delta Rpix = Hd/f = H \cdot \text{IFOV} \tag{1.3}$$

式中，$\Delta Rpix$ 为地面像元分辨率；H 为卫星轨道高度；d 为CCD器件的像元尺寸；f 为相机焦距；IFOV为瞬时视场。

而CCD相机系统地面分辨率的定义是与光电遥感器的有效瞬时视场对应的地面距离。

5）除了空间分辨率，图像的分辨率还包括光谱分辨率、辐射分辨率和时间分辨率等。

光谱分辨率：光谱分辨率是指传感器在接收目标辐射的光谱时能分辨的最小波长间隔。间隔越小，分辨率越高。

辐射分辨率：辐射分辨率是指传感器接收波谱信号时，能分辨的最小辐射度差。在遥感图像上表现为每一像元的辐射量化级。目标的特征在空间、光谱和时间上的变化都是通过其辐射量的分布和变化反映出来的，辐射分辨率是成像系统获取目标信息的重要保障，辐射分辨率越高，在给定同等分辨率的条件下，识别目标的概率越大。为了保证达到规定的辐射分辨率要求，相机输出的模拟信号变换为数字信号时，必须合理选择量化位数。

时间分辨率：时间分辨率是指对同一地点进行遥感采样的时间间隔，即采样的时间频率，也称重访周期。

1.1.2 可见光图像空间分辨率定义

超分辨率技术评价只涉及空间分辨率，参考上述观点，定义如下。

1. 返回式胶片型卫星的空间分辨率（R）

返回式胶片型卫星对地面靶标进行拍照后，潜影胶片送回地面经冲洗加工之后，按照一定的标准，胶片上人眼能够分辨的最多"线对/毫米"，称为卫星的摄影分辨率，而其空间分辨率即为每个"线对"对应的地面距离。

返回式胶片型卫星的空间分辨率在卫星前进方向和两侧方向上往往是不同的，因此，经常采用"几何中数"表示卫星地面分辨率，假设卫星前进方向的地面分辨率为 R_1，两侧方向的地面分辨率为 R_2，则卫星几何中数的分辨率 R 为

$$R = \sqrt{R_1 R_2} \tag{1.4}$$

2. 传输型照相卫星的空间分辨率（r）

在传输型卫星中，空间分辨率指的是传感器单元的瞬时视场对应的最小地面投影区域的长度。

传输型照相卫星中，相机全视场是依靠 CCD 像元在全视场扫描成像，CCD 像元在某一位置成像所对应的地面尺寸，就决定了卫星的地面分辨能力，即每个像元对应的地面尺寸反映了卫星的地面分辨能力。

在超分辨率技术中，分辨率特指图像的空间分辨率。

1.1.3 SAR 图像分辨率定义现状

1）在《空间对地观测技术导论》（王明远，2002）中，认为：

空间分辨率是指 SAR 可以分辨出两个相邻地物目标之间距离的能力。为了使 SAR 卫星实现所要求的空间分辨率，SAR 和地面成像必须具备距离和方位信息的获取和处理能力。方位向采用合成孔径技术及其相干成像处理技术，距离向是利用星地斜距的双程传播时延的鉴别能力。

距离向分辨率：根据 SAR 成像原理，利用 SAR 发射线性调频（LFM）信号获取地面距离向高分辨率 δ_R。考虑星载 SAR 各组成部分的有关误差因素后，地面距离分辨率为

$$\delta_R = \frac{K_r K_1 c}{2B_r \sin\beta} = \frac{K_1 \Delta r_s}{\sin\beta} \tag{1.5}$$

式中，c 为光速；K_r 为距离向成像处理加权展宽系数；K_1 为由星载 SAR 系统的辐相频率特性不完善引起的 δ_R 展宽系数；β 为入射角，天线波束指向中心线与被观测点平面法线间的夹角，一般取 15°～55°，视不同应用而定；B_r 为发射的线性调频脉冲信号的带宽；Δr_s 为斜距空间分辨率。

方位向分辨率：星载 SAR 是利用卫星与地面点目标之间的相对运动产生的多普勒频率变化（相位历程）来获得方位向分辨率。理论上，正侧视 SAR 的方位分辨率近似为天线方位向长度 D_A 的一半。考虑到方位向实际波束口径有不同的场强分布引起的分辨率降低，以及地速、卫星姿态和成像处理加权展宽等因素后，星载 SAR 的方位向空间分辨率为

$$\delta_A = \frac{K_\alpha K_2 K_3}{2K_4} D_A \tag{1.6}$$

式中，K_α 为方位向成像处理加权展宽系数；K_2 为方位向场强分布特性带来的幅度加权展宽系数；K_3 为地速对方位向空间分辨率的改善系数；K_4 为方位向天线波束宽度的展宽系数。

2）在《SAR 图像提高分辨率技术》（王正明等，2006）中，认为：

SAR 图像的空间分辨率通常包括距离向分辨率和方位向分辨率，它们分别定义为距离向和方位向点目标冲激响应半功率点处的宽度，是衡量 SAR 系统能够分辨地面距离向和方位向两个相邻目标最小距离的尺度。

SAR 图像的距离向分辨率 ρ_r 由系统发射波形的频带宽度（简称带宽）B 决定。

$$\rho_r = c/2B \tag{1.7}$$

式中，c 为光速。

式（1.7）中的分辨率是发生在斜距方向上，因此又称为斜距分辨率。在实际应用中，人们更关心的是正交于雷达航迹方向的沿地表的分辨率 ρ_{gr}（称为地距分辨率）。当雷达波束在目标处的入射角为 θ 时，ρ_{gr} 和 ρ_r 之间的关系为 $\rho_{gr} = \rho_r/\sin\theta = c/2B\sin\theta$。

SAR 图像的方位向分辨率 ρ_α 为

$$\rho_\alpha = \frac{1}{2}\beta_{0.5}R = \frac{1}{2}\left(\frac{\lambda}{L_s}\right)R = l/2 \qquad (1.8)$$

式中，R 为目标与雷达之间的距离；$\beta_{0.5}$ 为半功率点波束宽度，满足 $\beta_{0.5} = k\frac{\lambda}{l}$；$\lambda$ 为天线辐射电磁波的波长；l 为天线孔径尺寸；L_s 为合成孔径长度，满足 $L_s = \lambda R/l$。

上述为理论分辨率。SAR 图像获取过程中误差不可避免地存在，因此，实测分辨率常劣于系统理论分辨率。

1.1.4 SAR 图像的空间分辨率定义

空间分辨率是 SAR 图像中能区分的两个相邻点目标对应的地面最小距离。它反映了 SAR 区分两相邻目标和探测目标细部特征的能力，是图像判读的基础，是衡量系统性能的重要指标。

脉冲雷达的空间分辨率由点目标的脉冲响应宽度决定，因此可用雷达系统的冲激响应评估系统的空间（地面）分辨率。一般将点目标冲激响应半功率主瓣宽度对应的分辨率定义为名义分辨率。地面分辨率分为距离向地面分辨率和方位向地面分辨率。SAR 图像中点目标冲激响应沿距离向半功率点（3dB）的主瓣宽度所对应的空间长度定义为斜距分辨率，投影到地面所对应的地面长度，定义为距离向地面分辨率；沿方位向半功率点（3dB）的主瓣宽度所对应的空间长度定义为方位向地面分辨率（图 1.1）。

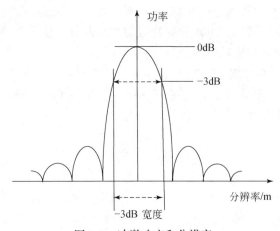

图 1.1 冲激响应和分辨率

这里需要指出，系统名义分辨率只是表征系统分辨点目标的能力的一种理论尺度。名义分辨率和雷达对实际目标的分辨并不完全等同。对合成孔径雷达而言，更是这样。

因此，将相邻点目标分辨能力定义为：相邻两个点目标冲激响应叠加后，其波谷值小于 3dB（或一个确定的其他常数），认为相邻点目标能被分辨，否则认为不能分辨，如图 1.2 所示。在给定摆放方向和点间距的条件下，设点目标初始相位差服从随机均匀分布，可测得相邻点目标区分概率。

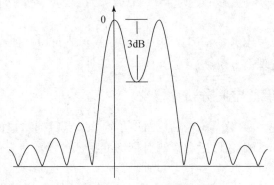

图 1.2　相邻点目标分辨能力的定义

1.2　超分辨率概念

1.2.1　什么是超分辨率技术

Kenneth R. Castleman 认为，试图复原衍射极限之外信息的复原技术叫做超分辨率技术，一般使用带限函数外推方法。超分辨率技术的核心是图像的分辨率由低变高，因此，我们认为，以地物的物理特性为基础，从低分辨率图像得到高分辨率图像的图像重建技术叫做超分辨率技术。

超分辨率技术的实现途径很多，不论是 EROS－B1 采用"过采样"（over-sampling）技术，还是 SPOT5 采用的"甚高分辨率"（trés haute résolution or very high resolution，THR）技术，或是"亚像元"（sub-pixel）技术都是实现超分辨率技术的具体途径。

1.2.2　超分辨率和图像插值

如果原图像足够光滑，从采样的数字图像通过插值可以重构原图像，也就可以改善其空间分辨率状况。这类方法实质上是一种根据邻近已知像元来估计欲求像元值的代数插值方法。

从单幅图像重构插值问题是一个简单的采样重构问题。高于 Nyquist 频率的过采样可通过与 sinc 函数的卷积来完全重构，而低于 Nyquist 频率的欠采样则不能。

Ur 和 Gross（1992）研究了从多幅图像插值重构原图像的问题。他们根据

Yen 的非均匀采样理论给出了一种利用包括 sinc 函数在内的插值基函数进行插值的方法。该方法未考虑辐射亮度差异和噪声混入等问题，它还要求采样图像的数目不宜太多、采样图像大小相同、严格的等间隔采样以及图像之间像元的相对位移严格掌握等。

采样的样本数增加，插值重构原信号的误差就会随之降低。但这些方法的主要困难还在于诸多的不确定性，如辐射亮度差异、像元相对位移不确定、存在随机噪声等。

1.3　实用超分辨率工程应用思路

1.3.1　提高卫星空间分辨率的直接方法

星载光学成像系统有两种类型，一种是线阵推扫式（push-brom）扫描成像系统，另一种是面阵成像系统，在像平面上一般采用线阵或面阵的 CCD 电子耦合器件。对距离为 R 的空间平面上物体所形成的一帧图像，在忽略光学系统非线性畸变和噪声干扰影响的条件下，其空间分辨率 ΔL 可以表示为

$$\Delta L = \frac{W}{f} R \tag{1.9}$$

式中，W 为 CCD 器件阵元宽度；f 为光学系统的焦距。显然，空间分辨率 ΔL 与 CCD 器件阵元宽度及距离成正比，与相机焦距成反比。也就是说，提高卫星空间分辨率的途径如下：是降低卫星飞行轨道高度，如美国 DigitalGlobe 公司的"快鸟-2"（QuickBird-2）卫星，它的工作轨道高度由原计划的 600km 降低到 450km 后，分辨率由原来的 1m 提高到 0.61m，多谱段分辨率由原来的 4m 提高到 2.44m。其缺点是卫星的使用寿命会缩短。在轨道高度一定的条件下，要想提高 CCD 成像卫星图像的空间分辨率，最直接的方法就是增大光学系统的焦距或缩小 CCD 器件阵元宽度。焦距增大会使得光学零件的加工难度增大，费用增高，导致遥感器的体积大、重量大等一系列难题。CCD 器件方面，由于国外的技术封锁，目前我们可以得到用于卫星相机的 CCD 孔径仅为 13m（资源 1 号），而法国的 SPOT5 为 6.5m。同时，CCD 孔径 W 太小，不但制造工艺困难，信噪比降低，而且图像信号的频带过宽，在空域一定的情况下数据量也过大，给图像传输造成一定困难。

那么，怎样在 CCD 器件阵元宽度 W、相机焦距 f 和距离 R 一定的条件下提高空间分辨率？超分辨率技术就是最好的方法之一。

如何在 CCD 器件阵元宽度 W、相机焦距 f 和距离 R 一定的条件下提高空间分辨率，就是我们要研究的主题。这项技术就是超分辨率（super-resolution）技术，利用棱镜分光或其他方法，把多个探测器特定布置在各焦平面位置，这样对静态和动态目标都可以同时得到多幅图像，经过图像重建，可以从多幅低分辨率

图像得到一幅高分辨率图像。

在传输型 CCD 扫描卫星的星载相机上通过多排 CCD 的错位，同时进行地面数据融合，来提高图像空间分辨率。这样的系统结构具有以下优点：

1）在光学系统基本不变的前提下，在 CCD 孔径受限制的条件下，提高了卫星图像的空间分辨率。

2）具有同时获得不同分辨率卫星图像的功能，可以适应不同的应用需求。

3）具有两套电路系统，增加了系统获取图像的可靠性。

4）有助于卫星实现体积小、重量轻、成本低的特点，对空间光学遥感器和小卫星的相关工作将产生很大的推进作用。

1.3.2　为什么要研究实用超分辨率理论

目前，国内外对超分辨率技术开展了大量的研究，但针对卫星遥感而言，多数不和卫星传感器硬件相结合的研究只是学术探讨，不具备工程实施和实践的基础，主要原因我们认为是"四不一没有"：

1）一般情况下，数据源"不"足。序列图像向分辨率图像重建要求同一地区有多幅图像。但是，有时同一地区没有多幅图像，即使有，搜集到一起也相当费时费力，偶尔为之可以，不能经常使用，很难纳入日常工作流程之中。

2）多幅遥感图像超分辨率的前提是图像之间的配准，主要问题是计算量大，配准精度不高，"不"能满足实际工程的应用。

3）与同一地区多幅遥感图像的几何位置相互关系不固定，分辨率提高的程度"不"能确定，无法回答分辨率到底提高了多少的问题，差异性大、互补性强的序列图像分辨率提高大，反之，分辨率提高小。

4）有时，因几何校正以及图像配准的精度不高，会产生虚假图像信息，"不"是目标的实际信息。

5）由于以上四个原因，我们认为，没有星–地结合的泛泛的超分辨技术"没有"工程应用的可行性。

正是要解决以上的问题和不足，才出现了我们目前所研究的"星–地结合提高分辨率模式"，将两排或多排 CCD 按一定的结构置于同一卫星相机的焦平面上，得到两幅或多幅具有一定差别的图像，不需要做图像配准和几何校正，即可在地面进行图像重建，得到一幅高分辨率图像。这是这项技术由学术研究向工程实施迈进的关键一步。中国科学院西安光学精密机械研究所的刘新平等也进行了这方面的研究，对 4 幅相同空间分辨率的图像进行图像重建后，新的空间分辨率是原 4 幅图的 1.8 倍左右。但他们的工作侧重于星上硬件的研究，而不是地面软件图像重建方法。中国航天科技集团公司第五研究院 508 所的乌崇德和周峰以及北京大学遥感与地理信息系统研究所的陈秀万和马佳与我们合作也进行了初步的研究，取得了一定的成果。

第 2 章　超分辨率成像数字仿真模拟

2.1　原始图像模拟生成

2.1.1　靶标图像模拟生成

根据美国空军的标准分辨率测试板原理，也就是常用到的靶标图像，用计算机生成靶标数字模拟图像，如图 2.1 所示。

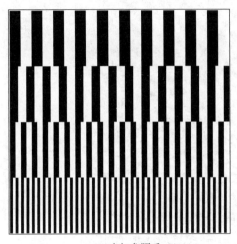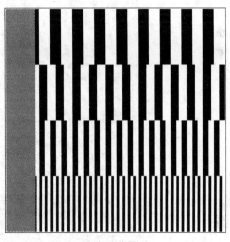

(a)未加参照系　　　　　　　　　　　　　(b)加了参照系

图 2.1　靶标数字模拟图像

图 2.1（a）为未加参照系的靶标数字模拟图像，大小为 400（行）像素×400（列）像素，由 4 组黑白条组成，每组大小为 100 行×400 列。从上到下：

第一组的组成为：（20 黑+20 白）×10　　　　　=400 像素

第二组的组成为：（15 黑+15 白）×13+10 黑　=400 像素

第三组的组成为：（10 黑+10 白）×20　　　　　=400 像素

第四组的组成为：（5 黑+5 白）×40　　　　　　=400 像素

图 2.1（b）是图 2.1（a）加了参照系的靶标数字模拟图像，大小为 400（行）像素×400（列）像素，参照系宽度为 53 个像素，取值为 150。图中每一像素为一个 CHAR 型，8 位，取值范围为 0~255。黑取值为 0；白取值为 255。

2.1.2 楔形空间分辨率测试图模拟生成

楔形测试图像可由三角函数沿圆弧方向生成，细节丰富。以图像的一个角为原点，从该原点出发，图像的两个边界分别作为 X 轴和 Y 轴建立坐标系，图像位于该坐标系的第一象限。把第一象限按照指定的数字（这里指定为 100）根据角度均分。

然后用循环扫描图像中的每个像素，从像素点到原点连线，计算该连线与 Y 轴夹角的正切值，据此得出夹角的角度。根据该角度所在的区域来为该像素赋值（0 或 1）。

运算结束后，即得到按指定数字均分的黑白相间的楔形图（图2.2）。

图2.2 楔形空间分辨率测试图像

2.1.3 热气球图像

图2.3 来自 Adobe Photoshop 5.0 图像处理软件中的示例图像，在目录 Adobe/Photoshop5.0CS/Goodies/Samples/下。图 2.3 中 的 图像是气球图像 CMYK balloons.tif 经抽样而成，抽样率为 2:1，抽样方法为邻近点法，原图大小为640×480，抽样结果图大小为 320×240。在图像的左边加上一个宽为 10 个像元，像元值为 250 的参照系。

图 2.3　加了参照系的热气球图像

2.1.4　黑白遥感图像

图 2.4 是加了参照系的国外某城市市区图像，分辨率较高，原图大小为580×418，在图像的左边加上一个宽为 10 个像元，像元值为 250 的参照系。

图 2.4　加了参照系的国外某城市市区遥感图像

2.2　成像模拟原理

2.2.1　CCD 相机遥感成像的调制传递函数链

调制传递函数（modulation transfer function，MTF）这个参数的大小，反映了光学成像系统成像的清晰程度，是客观地表示图像分辨率的一个指标，它可以扩展到成像过程的各个环节。

CCD 相机的光学信息传输过程要经过目标、大气、光学系统、CCD 固体图像传感器以及信号处理电路链等一系列环节的影响，图 2.5 是成像信息传输环节示意图，表示了地面目标成像过程中的传递函数链。

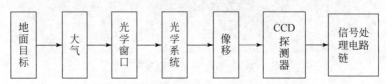

图 2.5　CCD 相机遥感成像的调制传递函数链

用传递函数的方法可表示为

$$M_{global} = M_{object} * MTF_{atm} * MTF_{optical} * MTF_{defocus} \qquad (2.1)$$
$$* MTF_{CCD} * MTF_{shift} MTF_{ele} * MTF_{display}$$

式中，M_{object} 为目标的调制度，其他各项是各个环节的调制传递函数；$MTF_{display}$ 为设备显示的 MTF。为了定量地知道光学信息在系统各个环节传输过程中的损失程度，以及了解影响整个 CCD 相机系统像质的主要因素，下面逐一地分析各个环节的调制传递函数。

系统的 MTF 可分为 CCD 相机内的 MTF 和相机外的 MTF 两个部分。

第一部分，相机外的 MTF 包括：①地面目标 MTF_{object}；②大气 MTF_{atm}；③像移 MTF。

第二部分，相机内的 MTF 包括：①光学系统的 $MTF_{optical}$；②离焦的 $MTF_{defocus}$；③窗口玻璃的 MTF_{window}；④CCD 的 $MTF_{detector}$；⑤电路的 MTF。

总之，影响 CCD 遥感相机成像 MTF 的因素很多，但是其中最主要的是光学系统、CCD 器件和像移的影响，下面逐一对它们进行分析。

1. 光学系统的影响

光学系统是影响 CCD 相机系统 MTF 的主要因素，镜头设计质量的好坏直接影响到系统的像质。光学成像系统对系统 MTF 的影响主要有以下方面：

1）光学系统的照明条件。同一光学系统，采用相干照明和非相干照明会得到不同的 MTF 和像质分布。对于航天相机来说，都属于自然光下的非相干光照明成像，照明条件不很理想，并且随时受到天气变化的影响。

2）光学系统的像差和衍射。光学系统与其本身的波像差是紧密相关的，而波像差又是由像差和衍射情况决定的，也就是说系统的像差和衍射情况会直接影响到系统的 MTF。

因此，对于光学系统来说，采用良好的照明条件、减少像差和衍射有利于提高成像系统的 MTF。

2. CCD 器件的影响

CCD 作为一种成像器件，具有体积小、重量轻、分辨率高、动态响应范围大等一系列优点，但是其本身固有的缺点将不同程度地影响到系统的分辨率和像质。这种影响主要表现在以下三个方面：

1）光敏元尺寸的影响。由于受制作工艺水平的限制，CCD 像元尺寸不可能无限小，因此使得系统成像的空间频率不可能无限高。现有的 CCD 器件尺寸都远达不到采样定理所要求的采样频率，因此 CCD 光敏元的几何尺寸决定了系统的截止频率。光敏元尺寸越大，截止频率就越低。

2）衬底的光子吸收系数、耗尽层厚度以及温度的影响。这些因素直接关系到光激发载流子的横向扩散效应的大小。在光子吸收系数较大、耗尽层厚度较深以及较低的温度场合下，载流子的横向扩散效应不很明显，对 CCD 的成像影响也不大；而在光子吸收系数较小、耗尽层厚度较浅以及较高的温度场合下，载流子的横向扩散效应就很明显，它会严重地影响 CCD 的成像。除此之外，电子的扩散长度也会对载流子的横向扩散效应产生影响，只是影响不大。

3）传输损失的影响。传输总损失率定义为 CCD 成像过程中，电荷的转移步数和转移失效率的乘积。转移步数越多，转移失效率越高，则传输总损失率越大。因此，减少这种影响的有效方法是减少电荷的转移步数和转移失效率。

3. 像移的影响

这种影响主要和相机的飞行速度、光积分时间有关。一般来讲卫星轨道确定以后，飞行速度随之确定，因此减少像移影响的方法为减少光积分时间，但是光积分时间的减少会导致信噪比的降低，这和减少像移的影响存在着矛盾。因此要在保证信噪比的前提下，通过减少光积分时间来达到提高像移的 MTF 的目的。

2.2.2　成像模拟过程

从 MTF 链的讨论可知，造成图像分辨率下降的原因非常复杂，但从主要矛盾的观点出发，主要有光学系统、CCD 和运动模糊的 MTF，也就是说这里考虑的系统 MTF 仅为上述三项的乘积。

系统点扩散函数是点物体的系统响应，它不是一个点图像而是覆盖一定区域的光斑。对于大多数推帚式系统来说，对系统的点扩散函数有贡献的主要有三个，其一是光学系统的点扩散函数；其二是和像元表面的积分响应相对应的 CCD 点扩散函数，也就是 CCD 的有限像元尺寸，对均匀的探测器阵列来说，其响应是空间不变的；其三是和卫星沿轨运动效应相对应的点扩散函数，这种点扩散函数是由在卫星的沿轨运动期间探测器和图像之间产生相对位移引起的。

我们知道，上述点扩散函数卷积的傅里叶变换是它们各自傅里叶变换的乘积，由于在频率域里面分析它们更为方便，因此我们使用点扩散函数的傅里叶变换，即调制传递函数 MTF 来讨论和分析问题。

如果在采样之前，设点 (x, y) 处的二维图像信号是 $S_a(x, y)$，那么，在傅里叶平面里它在频率坐标 (f_x, f_y) 处的傅里叶变换为

$$\hat{S}_a(f_x, f_y) = \text{MTF}(f_x, f_y) \cdot \hat{e}(f_x, f_y) \tag{2.2}$$

式中，$\hat{e}$ 为场景的傅里叶变换，在系统成像过程中它被系统 MTF 滤波。系统的 MTF 是前面提到的和三个贡献因素相对应的 MTF 的乘积，即

$$\text{MTF}_{\text{global}} = \text{MTF}_{\text{optical}} \text{MTF}_{\text{detector}} \text{MTF}_{\text{motion}} \tag{2.3}$$

式中，$\text{MTF}_{\text{optical}} = \exp(-\alpha \sqrt{f_x^2 + f_y^2})$，$\alpha$ 为待定系数；$\text{MTF}_{\text{detector}} = \exp(-\beta f_x) \text{sinc}(f_x a) \text{sinc}(f_y b)$，$\beta$ 为待定系数，a、b 为 CCD 像元的横向和纵向尺寸，$a = b = 10\mu\text{m}$。对于运动引起的像移在这里我们仅考虑轨道运动的因素，那么 $\text{MTF}_{\text{motion}} = \text{sinc}(f_y v T_i)$，$v$ 为卫星飞行速度，T_i 为光敏元光积分时间，$v = 7.02\text{km/s}$，$T_i = 0.4281\text{ms}$，对系统的 MTF 进行反傅里叶变换，就得到系统的点扩散函数，即 $h(x, y) = \mathfrak{J}^{-1}\{\text{MTF}_{\text{global}}\}$。

图 2.6 是成像过程模拟图。从信号处理的角度来分析，模拟结果图既可以是连续的，也可以是离散的，其模拟过程如下：

第一步，设进入仪器的连续景物信号为 $e(x, y)$，它是关于空间变量 x, y 的二维连续函数并且和进入仪器的辐射强度直接成正比。$e(x, y)$ 和系统的点扩散函数 $h(x, y)$ 相卷积，然后被各类噪声所污染，接着在低于 Nyquist 频率下被采样得到一幅低分辨率数字图像。

若为理想状况成像模拟，$\text{MTF}_{\text{optical}} = 1$，$\text{MTF}_{\text{motion}} = 1$，那么 $\text{MTF}_{\text{global}} = \text{MTF}_{\text{detector}}$，且加性噪声为 0。

第二步，景物 $e(x, y)$ 相对原来的空间参照系在 CCD 方向平移 $N + \Delta P$ 个像元，在轨道飞行方向平移 $M + \Delta Q$ 个像元，通过上述同样的过程得到另一幅数字图像。对于高模式，N 为正整数（最好为 0），$\Delta P = 0.5$，M 为正整数（最好为

0），$\Delta Q = 0$；对于超模式，N 为正整数（最好为 0），$\Delta P = 0.5$，M 为正整数，$\Delta Q = 0.5$。

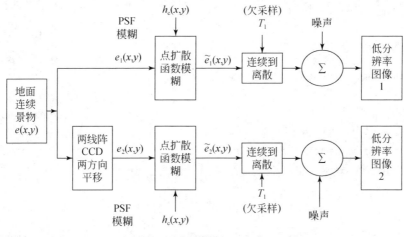

图 2.6　成像模拟过程图

2.2.3　卫星成像扫描的几种模式

1. 基本模式

目前，光学传输卫星一般基于推帚式探测原理做成的空间遥感仪器，CCD 线阵列在垂直于卫星飞行轨道的方向上逐行获取图像，同时通过卫星的在轨运动来产生轨道方向上的纵向位移。

根据传统的推帚式探测原理，放在望远镜焦面上的线阵 CCD 探测器在积分时间 T_i 内进行一次线扫描，在此期间内入射光子产生电子，通过电子学系统将这些电子转换成电压。一个积分时间 T_i 后，这个模拟信号被采样并且被量化成一定由模数转换器确定的比特数，这样线阵 CCD 的每一个像元得到一个和进入望远镜的辐射强度成正比的数值。同时和线阵 CCD 垂直的卫星在轨运动使卫星能够进行连续的扫描。

采样时间（这里和积分时间相等）选取要合适，这样卫星的运动速度和采样时间的乘积等于投影在地面上的线阵像元尺寸，从而可得到一个正方形，也就是一正交的采样网格。这样由像元尺寸给定的线阵方向上的采样间隔和卫星速度方向上的采样间隔是相等的。

如表 2.1 所示，以 SPOT5 为例，如果在星下点观测，由于下述观测特点，常规的全色波段 [0.5m；0.7m] 探测模式产生一边长为 5m 的正交网格。

表 2.1　SPOT 传统的采样图

观测特点	SPOT 传统的采样网格
·线阵有 12 000 个点，像元尺寸 $p = 6.5\mu m$ ·焦距 $f = 1.082 m$ ·轨道高度 $H = 832 km$（近极地太阳同步轨道），卫星的速度 $v = 6.6 km/s$ ·积分时间=采样时间= $T_i = 0.752 ms$	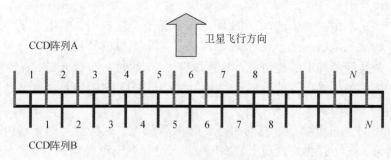

根据表 2.1 观测特点的参数可看出：沿 CCD 线阵方向的地面采样间隔为 $\dfrac{pH}{f} = \dfrac{6.5 \times 10^{-6} \times 832 \times 10^{3}}{1.082} = 5m$，在卫星运动的轨道方向 $vT_i = 6.6 \times 10^{3} \times 0.752 \times 10^{-3} = 5m$。

2. 高模式（hipermode）

以基本模式采样为 5m×5m 为例，如图 2.7 所示，高模式采样是：在卫星飞行方向等分采样时间，因此积分时间除 2，是基本模式的一半；在垂直于卫星飞行方向，两 CCD 线阵相差半个像元（semi-pixel），那么每一个线阵列将产生一幅与沿行向采样间隔为 5m，沿列向采样间隔为 2.5m 的矩形网格相对应的图像。然后在一 2.5m 的正方形网格上，两网格交错重组成一幅图像，其数据量是传统模式的 4 倍。

图 2.7　高模式示意图

3. 超模式（supermode）

如图 2.8 所示，超模式排列为：所使用的原始采样时间和基本模式一样，是高模式的 2 倍，形成 5m×5m 的正方形采样网格。每一个线阵列产生一幅传统图像，这两个 5m 的正方形网格在行、列方向上都偏移 2.5m。两幅图像交叉得到一梅花形采样网格，此网格是一正方形但相对于轴（线阵列，速度方向）旋转了 45°，它的采样间隔是 $2.5×\sqrt{2}=3.53\text{m}$，这种采样方式产生的数据量是传统方式的 2 倍。

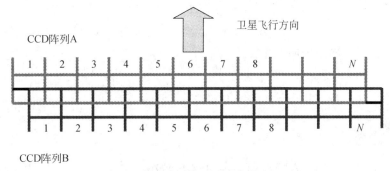

图 2.8　超模式示意图

高模式和超模式相比，超模式数据量小，是高模式的一半，有利于数据传输；同时超模式保持基本模式的采样时间，得到的信噪比和传统模式相同，但是高模式意味着积分时间除 2，因此信噪比要减少。因此，法国人把两种模式经比较权衡后，认为采用超模式要好，SPOT5 就是采用了超模式。

用发展的观点，结合实际的应用和目前软硬件的现状，分析这两种模式的优缺点，我们认为：法国国家空间研究中心（CNES）关于采用超模式的研究是从 1991 年开始的，考虑的是当时的卫星图像数据获得、存储、传输的硬件条件，20 多年之后的今天，相关软硬件发展很快，当年认为是困难的问题有些已解决，就目前的技术条件，高模式更好，原因如下：

1）高模式的分辨率更高。理论上可达到的最高分辨率是基本模式的 2 倍，而超模式可达到的理论最高分辨率是基本模式的 $\sqrt{2}$ 倍。以 SPOT 为例，基本模式为 5m，高模式理论最高分辨率为 2.5m，超模式理论最高分辨率为 3.53（$2.5×\sqrt{2}$）m。

2）尽管超模式数据量小，是高模式的一半，有利于数据传输，但由于数据压缩技术和数据传输技术的发展，超模式的这一优势将不再突出。

3）高模式意味着积分时间除 2，因此信噪比要减少，超模式却不变。但是由于采用 TDI 器件，可以较好地解决这一问题。

4）高模式的图像重建模型比超模式的简单，有益于星上通过硬件直接进行图像重建。

5）高模式的 MTF 比超模式的 MTF 好。高模式沿 f_y 轴的 MTF 和超模式情形相比会增加。因为积分时间为原来的 1/2，高模式的 $\text{MTF}_{\text{motion}}$ 增加了。用 D 表示探测器尺寸，用 T_i 表示原始的 SPOT5 积分时间，$\text{MTF}_{\text{motion}}$ 由下面的公式给出：

$$\text{MTF}_{\text{motion}}^{\text{hipermode}}(f_x,\ f_y) = \text{sinc}\left(f_y\frac{vT_i}{2}\right) \tag{2.4}$$

$$\text{MTF}_{\text{motion}}^{\text{supermode}}(f_x,\ f_y) = \text{sinc}\left(f_y vT_i\right) \tag{2.5}$$

但是，为了改善 MTF 并且确保它们沿两轴对称，一种方法是减少积分时间（不改变采样时间），另一种方法是减少像元的光敏区，这样光敏区比探测器要小，这两种情形都会恶化信噪比。

2.3　成像模拟原理结果

2.3.1　理想状况成像模拟

理想状况指的是没有噪声和 MTF 影响的状况。

1. 靶标图像

以加了参照系的靶标数字模拟图像为基准，模拟用不同孔径（4、5、6、7、10、12、15、20、25、28、30、35、40、45、50、55、60、70）（像素）的传感器进行扫描，分别得到不同分辨率的模拟图像，如图 2.9 所示。从图中可以看到，模拟图像效果非常理想。

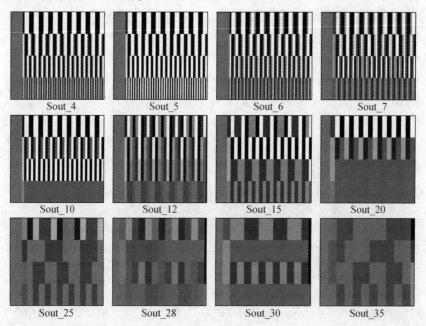

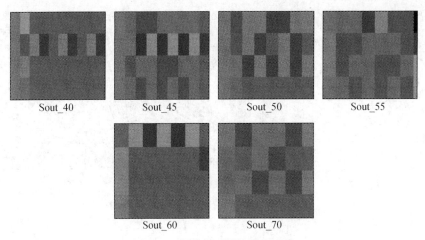

图 2.9　分辨率不同的模拟图像

对加了参照系的靶标数字模拟图像分别进行高模式 1、高模式 2 和超模式的模拟采样，如图 2.10 所示。

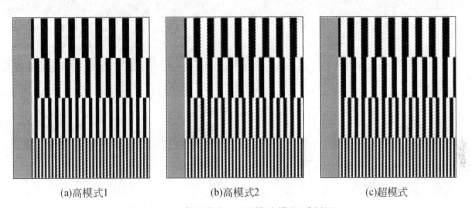

(a)高模式1　　　　　　　(b)高模式2　　　　　　　(c)超模式

图 2.10　条形靶标三种模式模拟采样图

2. 楔形空间分辨率测试图像

理想状况下，针对楔形空间的分辨率测试图像可选择高模式 1、高模式 2 和超模式三种模式进行模拟采样，如图 2.11 所示。

3. 热气球图像

理想状况下，针对热气球图像进行三种模式的模拟采样，如图 2.12 所示。

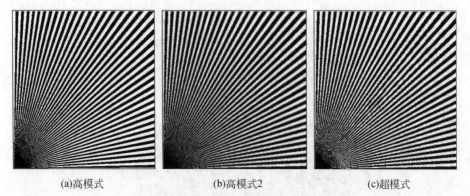

(a)高模式   (b)高模式2   (c)超模式

图 2.11   楔形空间分辨率测试图像三种模式模拟采样图

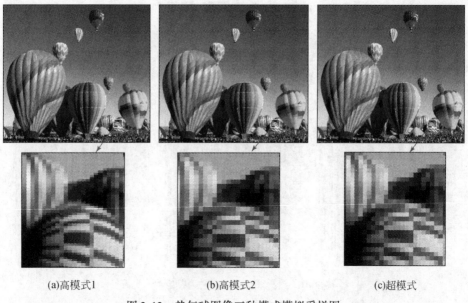

(a)高模式1   (b)高模式2   (c)超模式

图 2.12   热气球图像三种模式模拟采样图

4. 黑白遥感图像

理想状况下，针对黑白遥感图像进行三种模式的模拟采样，如图 2.13 所示。

2.3.2   非理想状况成像模拟

非理想状况指的是在图像成像过程中，加入了噪声和 MTF 影响的状况。这里所加的噪声为高斯白噪声，均值为 0，方差为 0.0001。

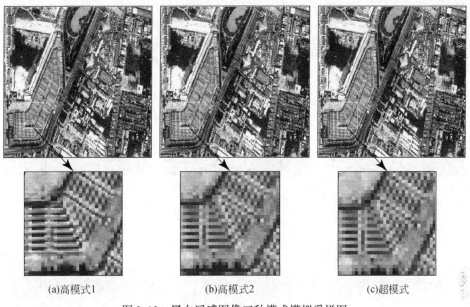

图 2.13　黑白遥感图像三种模式模拟采样图

1. 靶标图像

非理想状况下，针对靶标图像进行三种模式的模拟采样，如图 2.14 所示。

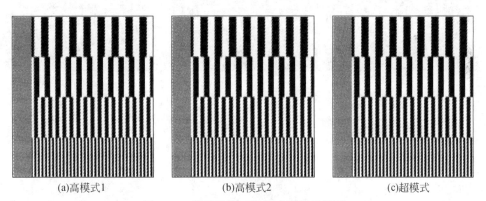

图 2.14　靶标图像三种模式模拟采样图

2. 楔形空间分辨率测试图像

非理想状况下，针对楔形空间分辨率测试图像进行三种模式模拟采样，如图 2.15 所示。

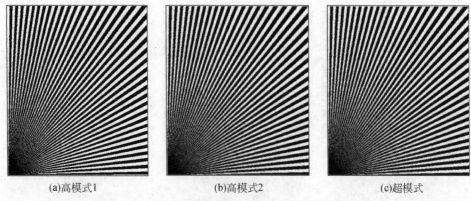

图 2.15　楔形空间分辨率测试图像三种模式模拟采样图

3. 热气球图像

非理想状况下，针对热气球图像进行三种模式的模拟采样，如图 2.16 所示。

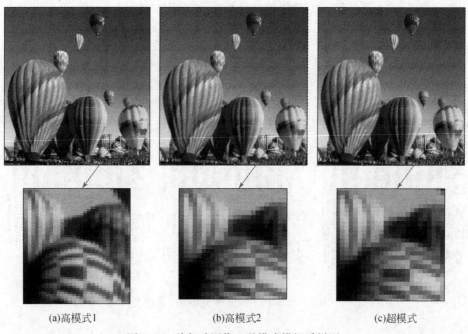

图 2.16　热气球图像三种模式模拟采样图

4. 黑白遥感图像

非理想状况下，针对黑白遥感图像进行三种模式的模拟采样，如图 2.17 所示。

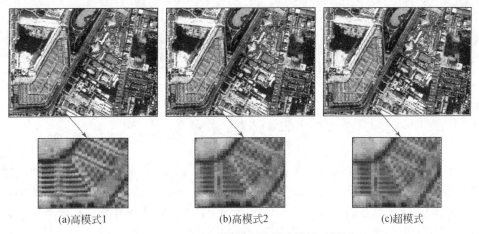

　　　(a)高模式1　　　　　　　　(b)高模式2　　　　　　　　(c)超模式

图 2.17　黑白遥感图像三种模式模拟采样图

第3章 单幅图像的超分辨率图像复原

3.1 国内外研究发展现状

这一技术指的是应用单幅图像，复原图像衍射极限之外的信息，从而提高图像的空间分辨。应用的方法包括：解析延拓、Harris 方法、能量连续降解方法、长椭球波函数方法、线性均方外推方法、叠加正弦模板等方法。这类方法在实际操作中存在两个障碍：一是成像的点扩展函数不能精确知道；二是该方法对噪声十分敏感。这样就不可能得到能带内的理想频谱，也就不可能进行原图像的正确重构。这类方法的缺点还在于它未给出从多幅图像来获取更多信息的手段，实际应用的可能性较差，因此，Andrews 和 Hunt 称此为"超分辨率神话（myth）"。

频谱外推技术就是从有限区间内的频谱函数值推算区间外的所有频谱函数值，具体方法有：

1）解析延拓。把频谱函数看成是可无限求导的解析函数，从而用某点的频谱函数值及该点处的各阶导数值来进行 Taylor 展开。

2）长球函数展开。把频谱函数看成是长球函数系的线性组合，并从有限区间内的函数值来获得其线性组合的权系数，从而得到函数的长球函数展开结果。

3）Gerchberg 迭代外推。把图像的有限空间函数看成是无限空间函数与一个空间窗口函数的乘积，通过与空间窗口对应的频谱 sinc 函数的卷积来逐步迭代和校正已知区间外的所有频谱函数值。

目前，实用的单幅图像的超分辨率还较少，基于插值的方法由于运算速度快，操作简单而受到了广泛关注。图像插值是基于采样理论，在已知像元之间依据有限领域，对未知的像元进行预估，传统的插值模型并不考虑图像的降质模型。成熟软件应用最多的有：最近邻域插值、双线性插值、双三次插值、B 样条插值、小波插值、自适应多项式插值等。图像的插值只是利用了单幅图像自有的信息，处理后虽然图像的大小和数据量都变大了，但插值处理过程并没有引入更多的有用信息，按照信息论而言，它不能恢复出成像过程中丢失的高频信息，其实际分辨能力并没有提高，图像的分辨率也没有提高。

3.2　四叉树算法的应用

把数字图像看成数据矩阵，低空间分辨率的小数字图像被看做是高空间分辨率的大数字图像的数据矩阵在缩小时把相应区域的像元值进行了加权平均所得到的结果。这样，空间分辨率提高问题就成了低空间分辨率的小数据阵中的元素分解或混合像元分解问题了。

Baldwin 和 Emery 在数字图像对应区域的数字高程模型（DEM）已知的前提下，提出了一种通过在该 DEM 上进行辐射的模拟来对相应的低空间分辨率遥感图像的一个像元值进行分解的方法，它需要详细的 DEM 及图像获取时的多种光学参数，如太阳高度角、星下点位置等。

Nishii 等则通过 Landsat 高空间分辨率的 6 个波段的图像上的一个区域来估计对应低空间分辨率波段的图像中一组像元的子像元分布情况从而来分解像元。

Aizawa 等把所有采样图像认为是一更高分辨原图像区域平均结果的采样，给出一个空间域的线性变换关系，并采用迭代方法解这一解性变换对应的线性方程以分解像元。

这类方法对细节的相对比例知道得越准确，由综合于一点的效果而推知细节的结果就越准确。这类方法的困难在于：细节相对比例的获得需借助更高空间分辨率的其他信息来进行，这在实际应用中有一定的局限性。

应用四叉树方法分解混合像元从而提高图像的空间分辨率是有前提的，应用这种方法适宜的图像要满足以下三个条件：

1）原始单幅图像的分辨率要高。例如，图像的空间分辨率要 1m 或更高，这样图像中的地物均匀的可能性才大。

2）原始单幅图像为人工地物，如城市的道路、建筑物、居民地等，这些地物的共同特点是其内部组成单一，不同地物之间边界清晰。这样提高空间分辨率的问题就变成了寻找不同地物之间的边界问题，这正是四叉树分解混合像元之所长。

3）图像的质量要高，也就是说图像的信噪比要高，噪声要低。这样像元分解时才不会引入虚假信息。

也就是说，四叉树方法分解混合像元的实质是寻找不同地物之间的精确边界，上面的三个条件是它的先验知识。对于高分辨率图像而言，也确实提高了其空间分辨率。需要注意的是，对于本身不均匀的地物会引入虚假信息，因此该方法在应用中要特别注意。

请注意，尽管传统的插值方法和像元分解都能使像元数量增加，表面上都提高了图像的空间分辨率，但二者在物理意义上还是有区别的。图像插值是把每个像元看成点，而像元分解是把每个像元作为面。

3.2.1　点四叉树

点四叉树——根点的组合是以点目标为依据的四叉树。它的循环区分以点的连接为基础，树的层次决定点的次序。

3.2.2　区域四叉树

以区域表示的四叉树，称之为区域四叉树。区域四叉树在图像处理领域得到了广泛的应用，它是由 4 个相等的象限来确定的，如图 3.1 所示。

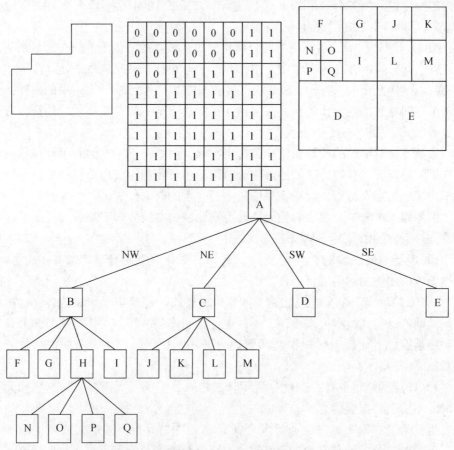

图 3.1　将图像表示为区域四叉树

如果该区域不覆盖对称矩阵，则再区分为四象限，如此循环细分下去直到包含整个区域为止。因此，区域四叉树具有反映不同的数据分辨率的特点。这样一个树称为四叉树，根结点相对应于输入的矩阵，每一个子结点代表一个象限，用

NW、NE、SW、SE 表示。

上面的例子是一个二进制的图像。两个像元称之为 4 相邻，如果它们在水平和垂直方向互相相邻，并考虑到相邻直角（对角相邻），则像元称之为 8 相邻。一个像元有四个边缘。

3.3 可见光单幅图像超分辨率技术路线

可见光单幅图像超分辨率技术路线如图 3.2 所示。

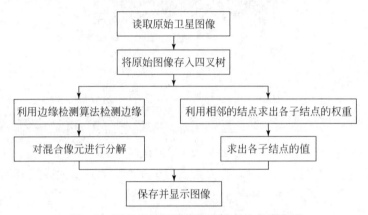

图 3.2 可见光单幅图像超分辨率技术线路图

3.4 基于权重分析的混合像元四叉树分解算法

该方法基于权重分析，根据相邻像素各自的权重来标识混合像元。我们认为 9 邻域内各像元对混合像元的影响只与其位置有关。根据当前待处理像元及其周围 8 个像元（9 邻域）的权重分析结果，建立混合像元四叉树分解模型，确定混合像元四叉树分解结果。

假定最终建立的四叉树共 N 层，那么对于每个 $N-1$ 层的结点 $P_{i,j}$，如果它不位于图像边缘，都有 8 个相邻结点，分别为 $P_{i-1,j-1}$、$P_{i-1,j}$、$P_{i-1,j+1}$、$P_{i,j+1}$、$P_{i+1,j+1}$、$P_{i+1,j}$、$P_{i+1,j-1}$ 和 $P_{i,j-1}$。$P_{i,j}$ 有 4 个子结点 X_1、X_2、X_3、X_4，这 4 个子结点即为第 N 层的待定结点。如何求解这 4 个子结点在混合像元中所占的权重，就是我们研究的关键，如图 3.3 所示。

Q_1、Q_2、Q_3、Q_4 以及 X_1、X_2、X_3、X_4 是 $P_{i,j}$ 的子结点和相邻结点，令

$$Q_1 = P_{i-1,j-1} + P_{i-1,j} + P_{i-1,j+1}$$
$$Q_2 = P_{i-1,j} + P_{i-1,j+1} + P_{i,j+1}$$

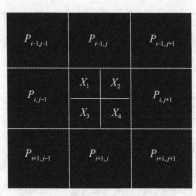

图 3.3　混合像元四叉树分解

$$Q_3 = P_{i,j-1} + P_{i+1,j-1} + P_{i+1,j}$$
$$Q_4 = P_{i,j+1} + P_{i+1,j} + P_{i+1,j+1}$$

$$A = Q_1 + Q_2 + Q_3 + Q_4 = \sum_{m=-1}^{1} \sum_{n=-1}^{1} P_{(i+m)(j+n)} + P_{i-1,j} + P_{i-1,j+1} + P_{i+1,j-1} + P_{i+1,j}$$

设 X_1 在混合像元 $P_{i,j}$ 中的权重为 H_1，X_2 在混合像元 $P_{i,j}$ 中的权重为 H_2，X_3 在混合像元 $P_{i,j}$ 中的权重为 H_3，X_4 在混合像元 $P_{i,j}$ 中的权重为 H_4，则有

$$H_1 = 4Q_1/A = 4(P_{i-1,j-1} + P_{i-1,j} + P_{i-1,j+1})/$$
$$\left(\sum_{m=-1}^{1} \sum_{n=-1}^{1} P_{(i+m)(j+n)} + P_{i-1,j} + P_{i-1,j+1} + P_{i+1,j-1} + P_{i+1,j} \right)$$
$$H_2 = 4Q_2/A = 4(P_{i-1,j} + P_{i-1,j+1} + P_{i,j+1})/$$
$$\left(\sum_{m=-1}^{1} \sum_{n=-1}^{1} P_{(i+m)(j+n)} + P_{i-1,j} + P_{i-1,j+1} + P_{i+1,j-1} + P_{i+1,j} \right)$$
$$H_3 = 4Q_3/A = 4(P_{i,j-1} + P_{i+1,j-1} + P_{i+1,j})/$$
$$\left(\sum_{m=-1}^{1} \sum_{n=-1}^{1} P_{(i+m)(j+n)} + P_{i-1,j} + P_{i-1,j+1} + P_{i+1,j-1} + P_{i+1,j} \right)$$
$$H_4 = 4Q_4/A = 4(P_{i,j+1} + P_{i+1,j} + P_{i+1,j+1})/$$
$$\left(\sum_{m=-1}^{1} \sum_{n=-1}^{1} P_{(i+m)(j+n)} + P_{i-1,j} + P_{i-1,j+1} + P_{i+1,j-1} + P_{i+1,j} \right)$$

可得

$$X_1 = P_{i,j}H_1 = 4P_{i,j}(P_{i-1,j-1} + P_{i-1,j} + P_{i-1,j+1})/$$
$$\left(\sum_{m=-1}^{1} \sum_{n=-1}^{1} P_{(i+m)(j+n)} + P_{i-1,j} + P_{i-1,j+1} + P_{i+1,j-1} + P_{i+1,j} \right)$$
$$X_2 = P_{i,j}H_2 = 4P_{i,j}(P_{i-1,j} + P_{i-1,j+1} + P_{i,j+1})/$$
$$\left(\sum_{m=-1}^{1} \sum_{n=-1}^{1} P_{(i+m)(j+n)} + P_{i-1,j} + P_{i-1,j+1} + P_{i+1,j-1} + P_{i+1,j} \right)$$

$$X_3 = P_{i,j}H_3 = 4P_{i,j}(P_{i,j-1} + P_{i+1,j-1} + P_{i+1,j})/$$

$$\left(\sum_{m=-1}^{1} \sum_{n=-1}^{1} P_{(i+m)(j+n)} + P_{i-1,j} + P_{i-1,j+1} + P_{i+1,j-1} + P_{i+1,j} \right)$$

$$X_4 = P_{i,j}H_4 = 4P_{i,j}(P_{i,j+1} + P_{i+1,j} + P_{i+1,j+1})/$$

$$\left(\sum_{m=-1}^{1} \sum_{n=-1}^{1} P_{(i+m)(j+n)} + P_{i-1,j} + P_{i-1,j+1} + P_{i+1,j-1} + P_{i+1,j} \right)$$

3.5　基于边缘检测的混合像元四叉树分解

为实现单幅图像的超分辨率，根据遥感图像混合像元的成像原理，我们提出了基于边缘检测算法的混合像元四叉树分解。该方法利用边缘检测结果标识混合像元。根据当前待处理像元及其周围 8 个像元（9 邻域）的边缘检测结果，判断并标识当前混合像元所在的边界类型。综合分析当前 3×3 图像子块内的像元取值，建立混合像元四叉树分解模型并按几何分解法进行权重分析，从而确定拆分后亚像元的取值。该处理方法由两个步骤组成，首先必须选择适当的边缘检测算法检测出图像中的区域边界，然后根据边缘检测和区域划分结果分类分析权重，进行混合像元的四叉树分解。

3.5.1　基于边缘检测的混合像元标识

边缘检测方法按照有限差分模型分为过零检测和局部极值检测方法。本研究采用 Canny 算子进行边缘检测标识混合像元。Canny 算子和样条小波算子是最有代表性的局部极值边缘检测算子，其中 Canny 算子具有较好的单双边定位精度。Canny 算子边缘检测方法寻找图像梯度的局部最大值，梯度采用高斯滤波器的导数计算，使用两个阈值分别检测强边缘和弱边缘，而且仅当弱边缘与强边缘相连时，弱边缘才会包含在输出中，因此该方法不易受噪声的干扰，能够检测到真正的弱边缘。

3.5.2　混合像元分解模型建立及分析

对灰度图像进行边缘检测，检测结果用 [0，1] 矩阵标识每个像元是否是边缘像元。对边缘混合像元，边缘类型决定了各周边像元信息对该混合像元的贡献方式，周边像元与该混合像元的取值共同决定了分类比例的大小。根据不同类型的边缘在混合像元上经过的方式，建立不同的分解模型，进行几何分解。

本书研究边缘像元所在的 3×3 邻域，遍历其周边各像元是否为边缘，从而得到不同的连续边界类型。到目前为止，总计研究了如下边缘类型（3×3 邻域内）下混合像元的分解模型，如图 3.4 所示。

垂直边界：（2 种情况）（待处理像元与上下邻像素同为边界）；

水平边界：（2 种情况）；

正对角线边界：（2×4 种情况）；

折线边界：（8×4 种情况）；

直角折线边界：（4×2+4×3 种情况）。

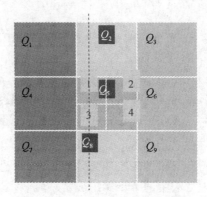

图 3.4　所研究的混合像元邻域

1. 垂直边界

当待处理像元与其上、下两点同时为 1 时，则假设边界竖直穿过该混合像元。垂直边界穿过该像元时，又可以考虑边界在混合像元内偏左或偏右的情况。参见图 3.5 中的两种不同情况。

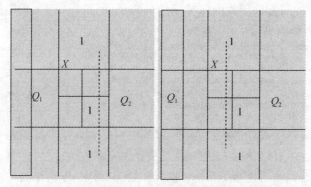

图 3.5　垂直边界通过混合像元时的两种不同情况

2. 水平边界

当待处理像元与其左、右两点同时为 1 时，则假设边界水平穿过该混合像元，考虑边界偏上或偏下两种情况。参见图 3.6 中的两种不同情况。

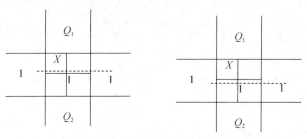

图 3.6　水平边界通过混合像元时的两种不同情况

3. 正对角线边界

当待处理像元与其左上、右下两点同时为 1 时，则假设边界以 45°倾角通过该混合像元。参见图 3.7 中的四种不同情况。

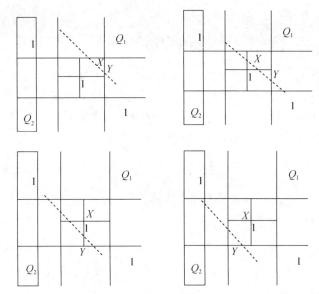

图 3.7　正对角线边界通过混合像元时的四种不同情况

当待处理像元与其右上、左下两点同时为 1 时，也形成正对角线边界，与图 3.7 中情形类似，分为四种不同情况。

4. 折线边界

当待处理像元与其上、左下两点同时为 1 时，形成图 3.8 中的折线边界。考虑四种边界通过混合像元的不同情形。

当待处理像元与其上、右下像元同为边缘上的点，或待处理像元及其下、左

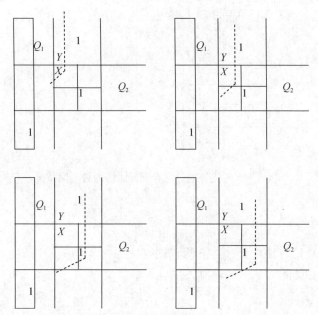

图 3.8　折线边界通过混合像元时的四种不同情况

上像元同为边缘上的点，或待处理像元及其下、右上像元同为边缘上的点，或待处理像元及其左、右上同为边缘上的点，或待处理像元及其左、右下像元同为边缘上的点，或待处理像元及其右、左上像元同为边缘上的点，或待处理像元及其右、左下像元同为边缘上的点时，均有与图 3.8 类似的四种情况。

5. 直角折线边界

当待处理像元与其上、左两像元同为边缘上的点时，则假设边缘为如图 3.9 中虚线所示的直角折线边缘。

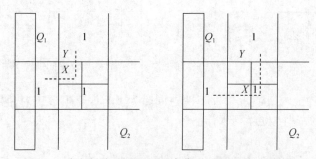

图 3.9　直角折线边界通过混合像元时的两种不同情况

当混合像元与其左下、右下像元同为边缘，或待处理像元与其左上、右上像元同为边缘，或待处理像元与其右上、右下像元同为边缘时，也形成直角折线边界，分别也分为上述的两种情形。

其他情况如图 3.10 所示，包括：混合像元与其左下、右下像元同为边缘，混合像元与其左上、右上像元同为边缘，混合像元与其右上、右下像元同为边缘时，混合像元的直角折线情况。

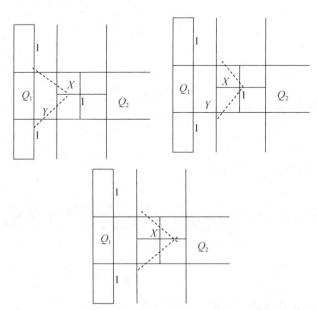

图 3.10　直角折线边界通过混合像元时的三种不同情况

3.5.3　基于权重分析的边缘混合像元分解

1. 垂直边界通过混合像元时的分解模型

当待处理像元与其上、下两点同时为边缘像元时，则假设边界竖直穿过该像元且偏左，如图 3.11 所示。假设左右两点为区域内点，取值分别为 Q_1、Q_2。

假设待处理像元中边界两侧部分取值分别与 Q_1 和 Q_2 相同，而混合后的取值仅与两侧面积之比有关，则可有如下分解模型。

设 X 为取值为 Q_1 的目标在混合像元中所占的比例，则

$$X = (Q - Q_2)/(Q_1 - Q_2)$$

在如图 3.12 所示的情况下，$X < 0.5$，即边界在左侧部分，右侧两个亚像元直接赋值 Q_2，左侧两个亚像元按面积比混合，即为

$$4 \times [0.5 \times X \times Q_1 + (0.25 - 0.5 \times X) \times Q_2]$$

在如图 3.12 所示的情况下，边界偏右侧（$X > 0.5$），四个亚像元的取值也可以类似获得，即左侧两个赋值 Q_1，右侧两个赋值：

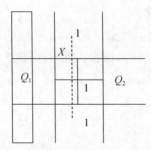

图 3.11　垂直边界通过混合像元时的分解模型（1）

$$4 \times [0.5 \times (X - 0.5) \times Q_1 + 0.5 \times (1 - X) \times Q_2]$$

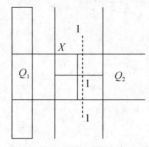

图 3.12　垂直边界通过混合像元时的分解模型（2）

2. 水平边界通过混合像元时的分解模型

待处理像元与其左、右两点同时为 1 时，假设边界水平穿过混合像元，这里假设上下两点为区域内点，取值分别为 Q_1、Q_2。

设 X 为取值为 Q_1 部分所占的比例，则

$$X = (Q - Q_2)/(Q_1 - Q_2)$$

在如图 3.13 所示的情况下，$X < 0.5$，即边界在上侧部分，下侧两个亚像元直接赋值 Q_2，上侧两个亚像元按面积比混合，即有

$$4 \times [0.5 \times X \times Q_1 + (0.25 - 0.5 \times X) \times Q_2]$$

在如图 3.14 所示的情况下，边界偏下侧（$X > 0.5$）的情况下四个亚像元的取值

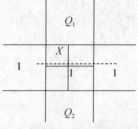

图 3.13　水平边界通过混合像元时的分解模型（1）

也可以类似获得，即上侧两个赋值 Q_1，下侧两个赋值：

$$4 \times [0.5 \times (X - 0.5) \times Q_1 + 0.5 \times (1 - X) \times Q_2]$$

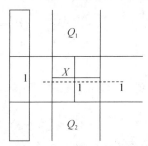

图 3.14 水平边界通过混合像元时的分解模型 (2)

3. 正对角线边界通过混合像元时的分解模型

当待处理像元与其左上、右下两点同时为 1 时，则假设边界以 45°角穿过该像元，这里假设右上、左下两点为区域内点，取值分别为 Q_1、Q_2。

设 X 为取值为 Q_1 部分所占的比例，则

$$X = (Q - Q_2)/(Q_1 - Q_2)$$

在如图 3.15 所示的情况下，$X < 0.125$，仅右上角像元为混合亚像元。此时，$Y = \sqrt{2X} < 0.5$。

则有（左上、右上、左下、右下亚像元取值依次为 r_1、r_2、r_3、r_4，下同）：

$$r_1 = r_3 = r_4 = Q_2$$
$$r_2 = 4 \times [X \cdot Q_1 + (0.25 - X) \cdot Q_2]$$

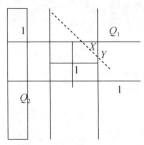

图 3.15 正对角线边界通过混合像元时的分解模型 (1)

在如图 3.16 所示的情况下，$0.125 < X < 0.5$，$Y = \sqrt{2X} > 0.5$。

$$r_1 = r_4 = 4 \times \{0.5(Y - 0.5)^2 \cdot Q_1 + [0.25 - 0.5(Y - 0.5)^2] \cdot Q_2\}$$
$$r_2 = 4 \times \{[X - (Y - 0.5)^2] \cdot Q_1 + [0.25 - X + (Y - 0.5)^2] \cdot Q_2\}$$
$$r_3 = Q_2$$

在如图 3.17 所示的情况下，$0.5 < X < 0.875$，$Y = \sqrt{2(1 - X)} > 0.5$，则

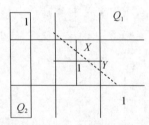

图 3.16　正对角线边界通过混合像元时的分解模型 (2)

$$r_3 = 4 \times \left\{ \left[1 - X - (Y - 0.5)^2 \right] \cdot Q_2 + \left[X - 0.75 + (Y - 0.5)^2 \right] \cdot Q_1 \right\}$$

$$r_1 = r_4 = 4 \times \left\{ 0.5 (Y - 0.5)^2 \cdot Q_2 + \left[0.25 - 0.5 (Y - 0.5)^2 \right] \cdot Q_1 \right\}$$

$$r_2 = Q_1$$

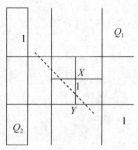

图 3.17　正对角线边界通过混合像元时的分解模型 (3)

在如图 3.18 所示的情况下，$0.875 < X < 1$，$Y = \sqrt{2(1 - X)} < 0.5$，则

$$r_1 = r_2 = r_4 = Q_1$$

$$r_3 = 4 \times \left[(1 - X) \cdot Q_2 + (X - 0.75) \cdot Q_1 \right]$$

另一种正对角线边界通过混合像元时的分解模型与上述方法相同。

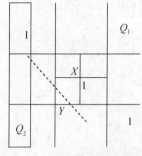

图 3.18　正对角线边界通过混合
像元时的分解模型 (4)

4. 折线边界通过混合像元时的分解模型

在如图 3.19 (a) 所示的情况下：

$$0 < X < 0.09375,\ 0 < Y = \sqrt{2X/3} < 0.25$$

此时：

$$r_1 = 4 \times \left[X \cdot Q_1 + (0.25 - X) \cdot Q_2 \right]$$

$$r_2 = r_3 = r_4 = Q_2$$

在如图 3.19 (b) 所示的情况下：

$$0.09375 \leqslant X < 0.375,\ 0.25 \leqslant Y = \sqrt{2X/3} < 0.5$$

此时：

$$r_1 = 4 \times \left\{ \left[X - (2Y - 0.5)^2/2 \right] \cdot Q_1 + \left[0.25 - X + (2Y - 0.5)^2/2 \right] \cdot Q_2 \right\}$$

$$r_2 = r_4 = Q_2$$

$$r_3 = 4 \times \{ (2Y - 0.5)^2/2 \cdot Q_1 + [0.25 - (2Y - 0.5)^2] \cdot Q_2 \}$$

在如图 3.19（c）所示的情况下：

$$0.375 \leqslant X < 0.71875,\ 0.5 \leqslant Y = 2 - \sqrt{3 - 2X} < 0.75$$

此时：

$$r_1 = Q_1$$

$$r_2 = 4 \times \{ 0.5(Y - 0.5) \cdot Q_1 + [0.25 - 0.5(Y - 0.5)] \cdot Q_2 \}$$

$$r_3 = 4 \times \{ [(1.5 - 2Y)^2/2] \cdot Q_2 + [0.25 - (1.5 - 2Y)^2/2] \cdot Q_1 \}$$

$$r_4 = 4 \times \{ 1.5 (Y - 0.5)^2 \cdot Q_1 + [0.25 - 1.5 (Y - 0.5)^2] \cdot Q_2 \}$$

在如图 3.19（d）所示的情况下：

$$0.71875 \leqslant X < 1,\ 0.75 \leqslant Y = 2 - \sqrt{3 - 2X} < 1$$

此时：

$$r_1 = r_3 = Q_1$$

$$r_2 = 4 \times \{ 0.5(Y - 0.5) \cdot Q_1 + [0.25 - 0.5(Y - 0.5)] \cdot Q_2 \}$$

$$r_4 = 4 \times \{ [X - 0.5 - 0.5(Y - 0.5)] \cdot Q_1 + [0.75 - X + 0.5(Y - 0.5)] \cdot Q_2 \}$$

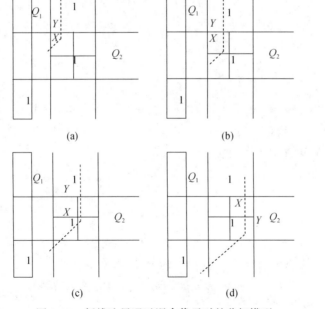

图 3.19　折线边界通过混合像元时的分解模型

其他的折线边界分解方法与上相同。

5. 直角折线边界通过混合像元时的分解模型

在如图 3.20 (a) 所示的情况下：

$$0 < X < 0.25,\ 0 < Y = \sqrt{X} < 0.5$$

此时：

$$r_1 = 4 \times [X \cdot Q_1 + (0.25 - X) \cdot Q_2]$$
$$r_2 = r_3 = r_4 = Q_2$$

在如图 3.20 (b) 所示的情况下：

$$0.25 \leqslant X < 1,\ 0.5 \leqslant Y = \sqrt{X} < 1$$

此时：

$$r_1 = Q_1$$
$$r_2 = r_3 = 4 \times [0.5(Y - 0.5) \cdot Q_1 + 0.5(1 - Y) \cdot Q_2]$$
$$r_4 = 4 \times \{(Y - 0.5)^2 \cdot Q_1 + [0.25 - (Y - 0.5)^2] \cdot Q_2\}$$

在如图 3.20 (c) 所示的情况下：

$$0 < X < 0.25,\ 0 < Y = \sqrt{X} < 0.5$$

此时：

$$r_1 = r_3 = 4 \times [X/2 \cdot Q_1 + (0.25 - X/2) \cdot Q_2]$$
$$r_2 = r_4 = Q_2$$

在如图 3.20 (d) 所示的情况下：

$$0.25 < X < 0.75,\ 0.5 \leqslant Y = X + 0.25 < 1$$

此时：

$$r_1 = r_3 = 4 \times \{[X/2 - (Y - 0.5)^2] \cdot Q_1 + [0.25 - X/2 + (Y - 0.5)^2] \cdot Q_2\}$$
$$r_2 = r_4 = 4 \times \{(Y - 0.5)^2/2 \cdot Q_1 + [0.25 - (Y - 0.5)^2/2] \cdot Q_2\}$$

在如图 3.20 (e) 所示的情况下：

$$0.75 < X < 1,\ 1 < Y = 3/2 - \sqrt{1 - X} < 1.5$$

此时：

$$r_1 = r_3 = Q_1$$
$$r_2 = r_4 = \{(1.5 - Y)^2/2 \cdot Q_1 + [0.25 - (1.5 - Y)^2/2] \cdot Q_2\}$$

其他同类的直角折线边界情况，包括混合像元与其左下、右下像元同为边缘，混合像元与其左上、右上像元同为边缘，混合像元与其右上、右下像元同为边缘，分解方法类似。

3.5.4　基于边缘检测的混合像元四叉树分解算法

从以上分析可以看出，本算法的基本出发点是：所处理目标图像的边缘为非

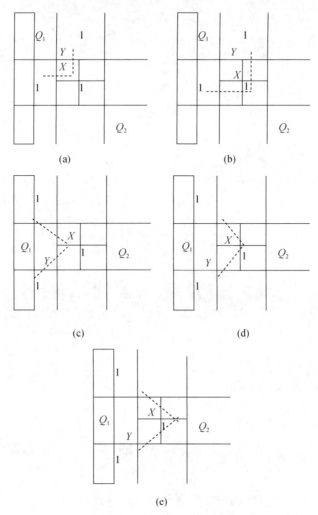

图 3.20　直角折线边界通过混合像元时的分解模型

屋檐型，目标交界处（即图像边缘）按两个区域的交界考虑。根据混合像元的成像原理，混合像元的像素值为其子像素值加权值之和。考虑区域的连续性，可将不同特性表面光谱的分界精确到亚像元。

　　按照四叉树方法分解一个混合像元，必须考虑在该像元内通过的边界方向，以确定各区域对该像元的影响方式。同时，需要根据混合像元的取值（即四个亚像元的加权值）确定周边像元对混合像元的影响程度，从而判断该混合像元中与各周边像元同光谱特性的亚像元比例。其具体的算法流程如图 3.21 所示。

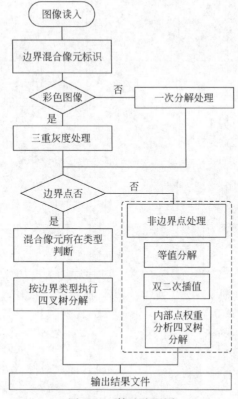

图 3.21　算法流程图

3.6　实　验　结　果

1. QuickBird 图像：德国法兰克福国际机场（建筑）

德国法兰克福国际机场（建筑）如图 3.22 所示。

(a)原图(空间分辨率0.6m)

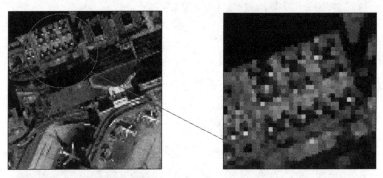

(b)基于边缘检测的四叉树分解结果图(空间分辨率0.3m)

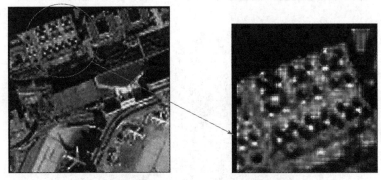

(c)基于权重分析的四叉树分解结果图(空间分辨率0.3m)

图 3.22　德国法兰克福国际机场（建筑）

2. QuickBird 图像：德国法兰克福国际机场（飞机）

德国法兰克福国际机场（飞机）如图 3.23 所示。

(a)原图(空间分辨率0.6m)

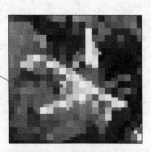

(b)基于边缘检测的四叉树分解结果图(空间分辨率0.3m)

(c)基于权重分析的四叉树分解结果图(空间分辨率0.3m)

图 3.23　德国法兰克福国际机场（飞机）

3. QuickBird 图像：香港国际机场局部图像

香港国际机场局部图像如图 3.24 所示。

(a)原图(空间分辨率3m)

(b)基于边缘检测的四叉树分解结果图(空间分辨率1.5m)

(c)基于权重分析的四叉树分解结果图(空间分辨率1.5m)

图 3.24 香港国际机场局部图像

4. QuickBird 图像：港口图像

港口图像如图 3.25 所示。

(a)原图(空间分辨率3m)

(b)基于边缘检测的四叉树分解结果图(空间分辨率1.5m)

(c)基于权重分析的四叉树分解结果图(空间分辨率1.5m)

图 3.25　港口图像

　　由上述图像试验可知，两种方法针对人工地物均可提高单幅可见光图像的空间分辨率。相比较基于权重分析的四叉树分解方法要优于基于边缘检测的四叉树分解方法。

第4章 多幅图像的超分辨率图像重建

这一技术指的是应用多幅低分辨率遥感图像，以一定的数学方法（包括空间域和频率域）进行图像重建，从而得到一幅高空间分辨率遥感图像的技术。

1. 空间域法

在空间域我们采用小波变换插值、空间点扩展函数（PSF）复原和凸集投影变权迭代法来提高图像的空间分辨率。

如果原图像足够光滑，从采样的数字图像通过插值可以重构原图像来提高其空间分辨率状况。其实质是用已知的邻近像元计算未知点处的像元值。计算一般采用邻近像元值的加权平均，且这种加权平均可表现为信号的离散化采样与插值基函数的卷积。而若插值基函数是小波函数，这就是小波变换插值法。

空间域迭代法是一种在图像空间域反复进行插值重构、模拟采样和比较修正三种操作，以逐步逼近理想图像的方法。如果把图像采样看成是一个凸集上的投影，在图像空间域反复进行以上三种操作来逼近理想图像的方法就是凸集投影变权迭代法。

在遥感图像的获取过程中，通常会有几种降秩过程的发生。把这一系列的降秩过程用一函数表示，即为空间点扩展函数。我们可通过建立图像的重构模型来求解点扩展函数，即最优重构函数。通过最优重构函数就可获得最优的重构图像。图像的复原放大法就是在上述原理的指导下，利用定理的表达式实现的。

2. 频率域法

数字图像空间分辨率不足的原因之一是图像数字化时采样率太低，即采样为低于 Nyquist 频率的欠采样，而欠采样在频率域则表现为频谱的混叠。如果能降低离散频谱混叠程度，或把这种频域混叠完全解开，就可使其对应空间域的空间分辨率得到改善。当我们得到多幅同一地区或目标的欠采样图像时，只要这些数字图像含有不完全一样的信息，那么就有可能利用频域解混叠的方法使图像的空间分辨率得到改善。

目前已有的一些空间分辨率改善的频域方法是针对多幅相同空间分辨率图像的。这里，我们采用一种既适合于相同分辨率也适合于不同分辨率图像的更一般的方法，并考虑有噪声和退化情况的并行行操作迭代算法。

我们知道，如果对信号的采样是欠采样，则采样的过程是一个降秩过程，这使相应频谱发生混叠，对应频域变换亏秩。对于只有一组采样值的情形，其对应频谱混叠的矩阵方程可能有无穷多组解，要获得矩阵方程的唯一解或最小二乘解，则必须获得和使用多组采样值，即从多个联立的矩阵方程组来求解。这样二维信号空域的空间分辨率改善问题就转化成了在频率域的频谱解混叠问题，并进一步转化成了频谱混叠方程或联立矩阵方程组的求解问题。

4.1 国内外研究发展现状

4.1.1 国内研究发展现状

比较有建树的是，中国科学院遥感与数字地球研究所的郝鹏威在徐冠华教授和朱重光教授的指导下，做了卓有成效的工作，他从分辨率低的欠采样图像会导致相应频率域频谱混叠的理论出发，给出了多次欠采样图像在频率域混叠的更一般公式，并给出一种针对不同分辨率图像解频谱混叠的逐行迭代方法。同时进行了计算机仿真实验，证明了他的方法在有噪声的情形下也有很好的收敛性。

之后，我们在"基于信息融合方法提高遥感图像空间分辨率"课题中，研究了在基于数字图像欠采样引起空间分辨率降低的假设下，建立在信号采样理论基础上的几种图像信号重构方法：①基于 B 样条小波变换的多幅图像信息累积图像插值重构方法；②基于空间变化点扩展函数的凸集投影变权迭代图像重构算法；③基于频域解混叠原理的图像融合算法；④空间点扩展函数图像复原放大。实验结果证明，这些方法可以提高卫星的空间分辨率。

北京大学、清华大学、北京理工大学和哈尔滨工业大学也在这方面做了一定的研究工作。

4.1.2 国外研究发展现状

国外的研究主要可以分为三大类：代数插值方法、空间域迭代方法和频域解混叠方法。

1. 代数插值方法

如果原图像足够光滑，从采样的数字图像通过插值可以重构原图像，即可以改善其空间分辨率状况。这类方法实质上是一种根据邻近已知像元来估计欲求像元值的代数插值方法。

从单幅图像重构插值问题是一个简单的采样重构问题。高于 Nyquist 频率的过采样可通过与 sinc 函数的卷积来完全重构，而低于 Nyquist 频率的欠采样则不能。

　　Ur 和 Gross（1992）研究了从多幅图像插值重构原图像的问题。他们根据 Yen 的非均匀采样理论给出了一种利用包括 sinc 函数在内的插值基函数进行插值的方法。该方法未考虑辐射亮度差异和噪声混入等问题，它还要求采样图像的数目不宜太多、采样图像大小相同、严格的等间隔采样以及图像之间像元的相对位移严格掌握等。

　　采样的样本数增加，插值重构原信号的误差就会随之降低。但这些方法的主要困难还在于诸多的不确定性，如辐射亮度差异、像元相对位移不确定、存在随机噪声等。

2. 空间域迭代方法

　　这类方法也是在空间域对数字图像进行插值的基础上模拟采样并逐步修正迭代进行的。

　　Peleg 等（1984）用模拟采样方法和模拟退火算法迭代进行空间分辨率的改善，即对初始估计的第一个像元值进行上下浮动，并通过模拟采样来计算这种浮动对误差的影响来决定上下浮动的最佳方式。这种算法收敛速度并不理想，而且收敛的结果受迭代初始估计的影响很大，这种方法针对的是采样图像的大小或图像空间分辨率完全相同的图像。

　　后来，Irani 和 Peleg（1991）采用类似层析成像中反投影的方法进行重构高空间分辨率图像，并考虑了图像退化及图像配准。他们所用的迭代式为

$$f^{k+1} = f^k + \sum_{i=1}^{n} c \cdot h_{\mathrm{BP}} * (g_i - f^k * h_{\mathrm{PSF}}) \tag{4.1}$$

式中，f^k 为第 k 次迭代的结果；g_i 为图像的第 i 次采样；c 为归一化因子，为图像获取时的点扩展函数；h_{BP} 为反投影滤波函数；h_{PSF} 为点扩散函数；$*$ 表示空间卷积。这一方法只针对采样图像大小或图像空间分辨率完全相同的图像，而且对所有采样图像的点扩展函数都认为是相同的，并采用相同的反投影滤波函数。

　　Tekalp 等（1992）给出用凸集投影（projection onto convex sets，POCS）方法进行若干图像采样间隔完全相同及样本图像之间相对位移准确知道情形下的空间分辨率改善的研究。其文章的主要特点有：①利用每一次迭代对每一个采样点值的误差容限来定义凸集；②给出了相同采样间隔的图像频率域频谱混叠的形式，但未抽象出频谱混叠矩阵；③考虑了算法在空间变化情况下的适应性。

　　Patti 等（1994）给出基于凸集投影（POCS）方法进行若干低分辨率图像重建高分辨率图像的研究。该算法考虑了传感器硬件的噪声，以及由于传感器和成像目标之间相对运动而导致的模糊（blurring）。

　　所有这些方法均未考虑样本为非均匀采样，以及各图像样本之间存在的空间分辨率差异和辐射亮度差异等更一般性的问题。

Hardie 等（1998）充分研究了图像成像过程，建立了成像数学模型（observation model），在此基础上，应用成本函数（cost function）最优化方法，从多幅经旋转和平移的低分辨率图像序列重建一幅高分辨率图像。该算法鲁棒性（robustness）强，抗噪声能力好，在美国机载红外成像系统中得到了成功应用。

3. 频域解混叠方法

如单独一幅数字图像是欠采样的，它就不能用代数插值方法进行重构，因为信号的欠采样会使信号在对应频域内发生频谱的混叠（aliasing）。但是，如果能通过多幅图像的频谱解开这些混叠，或者使混叠频谱的混入部分权重降低就可以减轻混叠程度，对应空间域图像的空间分辨率自然就改善了。

R. Y. Tsai 和 T. S. Huang 便是这一方法的首创者。1984 年他们首先提出用多幅欠采样图像来提高图像空间分辨率的设想。他们希望通过数学模型对同一地区、不同时相的一组遥感图像进行数据融合处理，从而得到一幅能提供更加详细信息的高分辨率遥感图像。他们采用的模型为图像无噪声、无退化和空间分辨率大小完全相同的图像采样模型，并用频谱混叠方式给出了一个解混叠的方法。

在此基础上，S. P. Kim 等又研究了混入噪声和图像有模糊退化情形下的模型，并给出了加权迭代法和正则化迭代法两种解混叠的方法。

Kim 等（1993）采用了总体最小二乘法来解决有噪声情形下的空间分辨率提高问题。

但这些方法都是基于各幅数字图像的空间分辨率完全相同，而各幅图像之间存在一定的相对位移的假设。采用图像若未经配准，则必须预先进行配准和几何校正，以使它们达到图像大小相同或近似的空间分辨率相同。无疑，经过几何校正的图像肯定会引入一些不正确的信息。

由于这些方法是建立在信号欠采样的间隔完全相同的基础上，因此，这些方法的一个共同特点是：整个信号频谱的混叠公式可以分解为一个个互不相关的小方程组进行求解，只是求解的方法各有差异。

这类方法的困难还在于频谱无限和诸多的不确定性。

4. 工程应用前景

不论是国内还是国外，以上的研究只是学术探讨，不具备工程实施和日常生产作业的基础，主要原因如下：①多幅遥感图像数据融合提高分辨率的前提是图像之间的配准，目前存在的问题是计算量大，配准精度不高，不能满足实际工程和生产的应用；②数据源不足，同一地区有时有多幅图像，有时没有，不能满足生产需求；③由于同一地区多幅遥感图像的几何位置相互关系不固定，分辨率提高的程度很难确定；④因图像配准和几何校正的精度不高，会产生虚假图像信息；⑤作业复杂，自动化程度低，不适宜进行工程化。

4.2　解　卷　积

4.2.1　解卷积数学模型及原理

从不同分辨率 CCD 成像模拟的 MTF 链研究可知，造成图像分辨率下降的原因非常复杂，推扫式 CCD 航天遥感相机的光学信息传输要经过大气、光学系统、CCD 固体图像传感器、信号处理电路链以及显示设备等一系列环节，各个环节都不同程度地使图像的 MTF 下降，但是在这些环节中，造成 MTF 下降的主要因素是大气、光学系统、CCD 器件和运动模糊。因此为了简化超分辨率采样模式数学仿真模型，从主要矛盾的观点出发，本研究在不考虑大气的情况下，仅仅讨论光学系统、CCD 和运动模糊的 MTF，也就是说这里考虑的系统 MTF 仅为上述三项的乘积。即

$$\text{MTF}_{\text{global}} = \text{MTF}_{\text{optical}} \, \text{MTF}_{\text{detector}} \, \text{MTF}_{\text{motion}}$$

4.2.2　解卷积实验结果

图 4.1～图 4.4 分别说明了卷积前后的处理效果对比。

(a)解卷积前图像　　　　　　　　　　(b)解卷积后图像

图 4.1　解卷积前后效果对比图 1

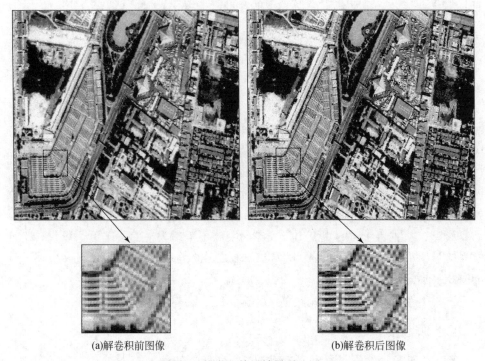

(a)解卷积前图像　　　　　　　　　　　　(b)解卷积后图像

图 4.2　解卷积前后效果对比图 2

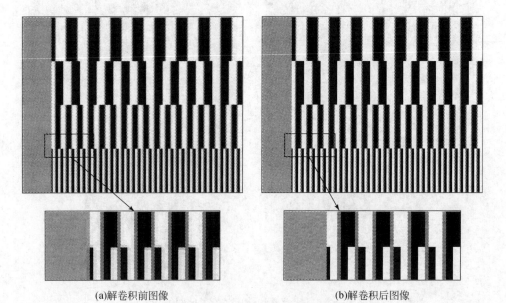

(a)解卷积前图像　　　　　　　　　　　　(b)解卷积后图像

图 4.3　解卷积前后效果对比图 3

(a)解卷积前图像　　　　　　　　　　　(b)解卷积后图像

图 4.4　解卷积前后效果对比图 4

从以上结果可以看出图像经过解卷积后，清晰度稍有增加。

4.3　小波变换空间域插值法

4.3.1　小波变换空间域插值法理论基础

空间域插值重构法在许多数字图像应用中都起着很重要的作用。图像插值就是从数字化的离散图像得到图像的连续表示，即用已知的邻近像元来计算未知点处的像元值。这种邻近可以是未知点处的某个小的邻域，也可大到整幅图像。计算一般采用邻近像元值的加权平均，且这种加权平均可以表现为信号的离散化采样与插值基函数间的卷积。插值基函数通常有：矩形函数（0 阶 B 样条）、三角形函数（一阶 B 样条）、钟形函数（二阶 B 样条）、三阶 B 样条、sinc 函数和小波基函数等。不同选择会产生不同的插值效果。

图像插值的实质就是对离散信号进行低通滤波，以消除或减轻因离散化而呈周期性重复混入频谱的高频成分的影响。本方法是在把数字图像空间分辨率的提高看做是插补入新信息和频谱混叠程度的降低，而不是在信号完全重构意义下的彻底的空间分辨率提高的基础上展开的。插值重构的理论主要是基于 Shannon 采样理论。

图像插值的数学表示为

$$f(x, y) = \sum_{i=1}^{M} \sum_{j=1}^{N} f(x_i, y_i) \cdot h(x, y, x_i, y_i) \tag{4.2}$$

式中，$f(x_i, y_i)$ 为数字化的离散图像，大小为 $M \times N$；$f(x, y)$ 为图像插值的结果；$h(x, y, x_i, y_i)$ 为插值基函数。

使插值计算量减少，又使插值误差很小，是插值基函数选择的必要条件。使插值计算量减少的办法是选择能很快衰减到零的或值域非零的范围小的插值基函数，即选择参与卷积的信号采样点尽量少的插值基函数。插值的误差则取决于原信号或图像的性质，这只能假定原信号带限、能量有限等。

小波函数具有时（空）域和频率域都有限的窗口特性及时（空）—频窗的可随意选择性。应用小波的这些性质则可以把小波作为插值基函数进行图像插值。由于 B 样条小波的紧支性和阶间递推性，这里我们采用三阶 B 样条函数为插值基函数。

对同一目标得到的不同位置（相差半个或几分之一）的图像，一定含有一些互不包含的空间信息。如能把这些图像进行空间信息的累积和糅合，那对于目标物详细空间信息的获取是十分有意义的。如果把每一图像通过插值放大到足够大，再把纠正好的所有图像糅合在一起（从适当位置开始像元相间插入），然后对插补好的图像进行滤波和重采样，则可达到减小图像间同名点空间位置差异的目的。其插值过程如图 4.5 所示。具体步骤如下：

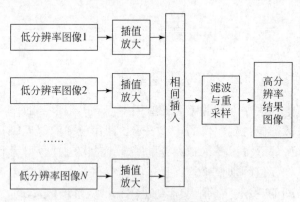

图 4.5　小波变换空间域插值过程

1）准备 N 幅同一地区的原始图像。

2）应用三阶 B 样条函数为插值基函数，把所有 N 次样本分别进行小波插值放大 $\alpha(\alpha > 1)$ 倍，使其采样间隔缩小 α 倍。

3）把经插值放大的结果融合，从适当位置开始相间插入。

4）相间插入的结果经过滤波（时域卷积 $f'=f*h$），并重采样成原图大小，在此结果中，重建了高分辨率图像，信息得到了累积和糅合。

通过频域证明可以得出：此种方法理论上对频谱混叠程度的减轻，同名点位置不确定性影响的减弱，不同图像之间辐射亮度差异的不确定性影响的减小都有一定的作用。

4.3.2　小波变换空间域插值法实验结果

1. 理想状况

（1）高模式

理想状况下高模式处理前后效果对比如图4.6所示。

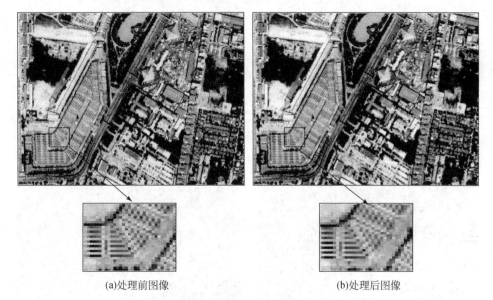

(a)处理前图像　　　　　　　　　　　(b)处理后图像

图4.6　理想状况下高模式处理前后效果对比图

（2）超模式

理想状况下超模式处理前后效果对比如图4.7所示。

2. 非理想状况

（1）高模式

非理想状况下高模式处理前后效果对比如图4.8所示。

（2）超模式

非理想状况下超模式处理前后效果对比如图4.9所示。

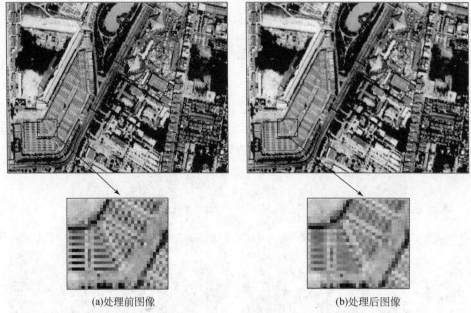

(a)处理前图像　　　　　　　　　　　　　(b)处理后图像

图 4.7　理想状况下超模式处理前后效果对比图

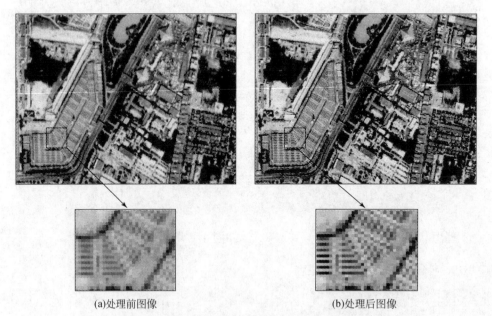

(a)处理前图像　　　　　　　　　　　　　(b)处理后图像

图 4.8　非理想状况下高模式处理前后效果对比图

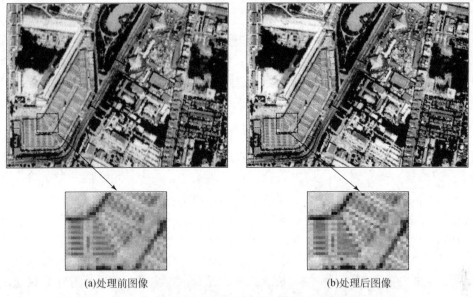

(a)处理前图像　　　　　　　　　　　　(b)处理后图像

图 4.9　非理想状况下超模式处理前后效果对比图

4.4　凸集投影变权迭代法

4.4.1　凸集投影变权迭代法理论基础

空间域迭代法是一种在图像空间域反复进行插值重构、模拟采样和比较修正三种操作，以逐步逼近理想图像的方法。它是用解线性方程组类似的迭代方法进行某种逆变换的求解，从而得到一个理想的解图像。如果把图像采样看成是一个凸集上的投影，在图像空间域反复进行以上三种操作来逼近理想图像的方法就是凸集投影变权迭代法。

1. 空间域迭代方法的有关概念

迭代方法一般是应用在某一变换的正过程和变换结果已知，而其逆变换过程未知或不易准确获得的情形下。如某一变换正过程为：$g = Tf$；已获得或只能得到变换结果 g，需求理想值 f。利用迭代方法就是先粗略估计一个理想值（初始值）$f(0)$，经过变换模拟得到 $g(0) = Tf(0)$ 与获得的变换结果 g 比较：$g - g(0)$，其差再经过适当变换 S 以修正初始估计 $f(0)$：$f(1) = f(0) + S[g - g(0)]$。如此反复迭代：$f(k+1) = f(k) + S[g - Tf(k)]$。这一迭代算法中用于修正的变换 S 的方法不同，会有许多迭代方法产生。

2. 凸集投影方法

凸集投影方法（POCS）最早用于图像重建时被称为代数重建。目前它可应用于信号解卷积、层析成像、图像复原、带限信号外推等。凸集是指集合中任意两点间的点仍然在该集合中的闭集合：若 x_1, $x_2 \in C$ 且 $\lambda x_1 + (1 - \lambda) x_2 \in C$，其中 $\lambda \in (0, 1)$，则 C 为凸集。对于 Hilbert 空间中的若干凸集 $C_1 \sim C_N$，如果存在公共点 $x \in \bigcap_{i=1}^{N} C_i$，则这一公共点 x 就可以通过 POCS 方法求得。

若从任一点 f 向凸集 C_i 进行投影的算子为 P_i，则 $f \in C_i$ 的投影可表示为 $P_i f$。连续地向所有 N 个凸集进行投影就成为 $P_N P_{N-1} \cdots P_1 f$。显然，对于给定初始值 $f(0)$ 就可以进行迭代 $P_N P_{N-1} \cdots P_1 f(k)$。更一般地，可以有：$f(k+1) = T_N T_{N-1} \cdots T_1 f(k)$，其中 $T_i = 1 + \lambda_i (P_i - 1)$，$0 < \lambda_i < 2$ 为一松弛因子。这就是序列 POCS 方法的一般表达式，此方法的缺点是收敛速度慢，不能并行计算。

并行 POCS 方法与序列 POCS 方法的不同是迭代过程与向各凸集投影的顺序无关，且并行的各投影可根据需要进行带权平均。因为并行 POCS 方法收敛速度快，抗干扰能力也比较强，所以我们采用并行 POCS 方法，典型的并行投影算法具有如下形式：

$$f(k+1) = \sum_{i=1}^{N} \omega_i(k) T_i f(k) = f(k) + \lambda_k \left[\sum_{i=1}^{N} \omega_i(k) P_i f(k) - f(k) \right]$$

$$(4.3)$$

式中，$\sum_{i=1}^{N} \omega_i = 1$；$\omega_i > 0$，$i = 1, 2, \cdots, N$。

3. 高分辨率图像重构

我们采用凸集投影变权迭代方法重构高分辨率图像。这是一种把图像采样看成是一个凸集上的投影，在图像空间域反复进行插值重构、模拟采样和比较修正，以逐步逼近理想图像的方法。

其方法如下：

对于 N 次采样 g_i（$i = 1, 2, \cdots, N$），可以定义凸集：

$C_{1i} = \{f: s_i f = g_i\}$（$i = 1, 2, \cdots, N$）

$C_2 = \{f: f \text{ 的频谱是带限的}\}$

可以证明如果能通过获得 C_{1i} 和 C_2 的交集信号来重构原理想图像，必然能提高图像的空间分辨率。我们采用变权的并行 POCS 方法从 N 次欠采样信号进行重构，可推导出应用松弛因子的变权迭代算法：

$$f(k+1) = P \left\{ f(k) + \lambda_k \sum_{i=1}^{N} \omega_i(k) P[g_i - s_i f(k)] \right\} \qquad (4.4)$$

这就是采用凸集投影变权迭代方法重构高分辨率图像的一般公式。其中 λ_k 是松弛因子，它的选择原则是每次迭代应使模拟采样与实际采样之差的模（或平方和）最小，即取使每次迭代的残量达到极小时的松弛因子值。这里可采用最小留数法选择；$\omega_i(k)$ 是权重，其选取原则是对信噪比高、分辨率高和可信度高的数字图像赋予较大权重。

4.4.2　凸集投影变权迭代法实验结果

1. 理想状况

（1）高模式

理想状况下高模式处理前后效果对比如图 4.10 所示。

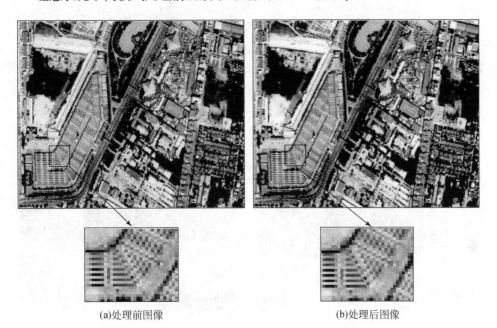

　　(a)处理前图像　　　　　　　　　　　　　　　　(b)处理后图像

图 4.10　理想状况下高模式处理前后效果对比图

（2）超模式

理想状况下超模式处理前后效果对比如图 4.11 所示。

2. 非理想状况

（1）高模式

非理想状况下高模式处理前后效果对比如图 4.12 所示。

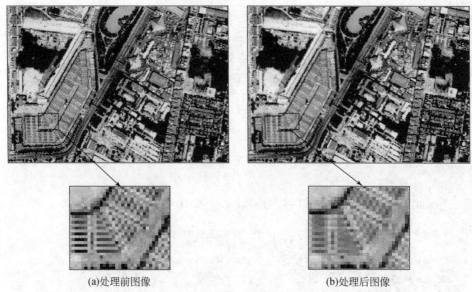

(a)处理前图像　　　　　　　　　　　　　　　(b)处理后图像

图 4.11　理想状况下超模式处理前后效果对比图

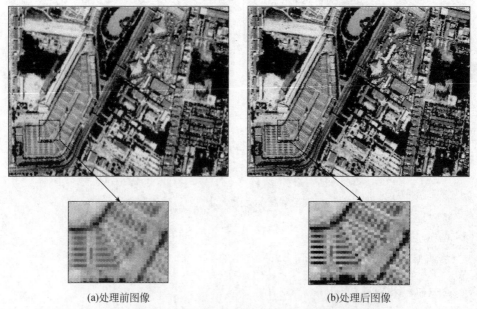

(a)处理前图像　　　　　　　　　　　　　　　(b)处理后图像

图 4.12　非理想状况下高模式处理前后效果对比图

（2）超模式

非理想状况下超模式处理前后效果对比如图 4.13 所示。

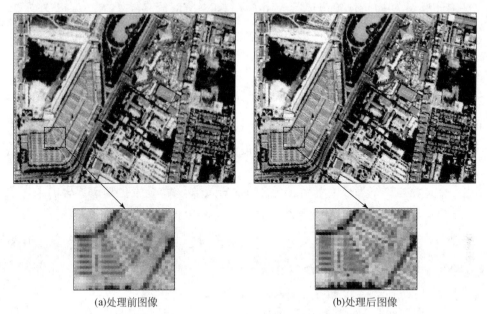

(a)处理前图像　　　　　　　　　　　　　(b)处理后图像

图 4.13　非理想状况下超模式处理前后效果对比图

4.5　频域解混叠法

4.5.1　频域解混叠算法设计思想

　　数字图像空间分辨率不足的原因之一是图像数字化时采样率为低于 Nyquist 频率的欠采样，而欠采样在频率域则表现为频谱的混叠，从而造成空间域图像分辨率的下降。如果能降低离散频谱混叠程度或把这种频域混叠完全解开，都可使其对应的空间域的空间分辨率得到提高。当我们得到多幅同一地区或目标的欠采样图像时，只要这些图像含有互补信息，那么就有可能利用频域解混叠的方法使图像的空间分辨率得到提高。

　　图像空间分辨率的提高在遥感图像和计算机视觉中的一些应用非常广泛。但已有的一些空间分辨率提高的频域方法是针对多幅相同空间分辨率图像的频谱解混叠的方法。这里，我们给出一种适合于相同分辨率图像的频域混叠公式，并给出在有噪声和退化情况下解频谱混叠的并行行操作迭代算法。

4.5.2　频域解混叠算法数学模型

对于频谱为 $F(\omega)$ 的一维信号 $f(t)$，如果它时间有限（在 $t=0\sim1$ 外为 0）和频率带宽有限（低频带外 $|\omega|\geqslant B$ 有 $F(\omega)=0$），就可以选择整数 N 使之满足 $\dfrac{2\pi}{l/N}\geqslant 2B$，则以间隔 $T=l/N$ 对 $f(t)$ 进行采样将不会使相应频谱发生混叠，原连续信号也可以根据这些样本重建出来。

若以 $T_1=l/N_1$（$N_1<N$）间隔对 $f(t)$ 进行采样，则这一采样必为欠采样，对应频谱就会发生混叠现象。

一维信号欠采样引起的频谱混叠一般模型为

$$f_{\delta,h}=\alpha A D_\delta H f+n \tag{4.5}$$

式中，$\alpha=N_1/N$，N 为未发生频谱混叠的采样点数，N_1 为发生频谱混叠的采样点数（$N_1<N$）；A 为频谱混叠矩阵；δ 为信号 $f(t)$ 的时延，$D_\delta=\mathrm{diag}\,(1,e^{j\frac{2\pi}{l}\delta},\cdots,e^{j(N-1)\frac{2\pi}{l}\delta})$；$H$ 为信号 $f(t)$ 的模糊性退化（经过了某种形式的滤波），若退化是线性的、时不变的，则记 $H[k]=\tilde{H}(k\frac{2\pi}{l})$，$H=\mathrm{diag}\,(H[0],H[1],\cdots,H[N-1])$；$n$ 为采样过程可能混入的加性随机噪声。

对于频谱为 $F(u,v)$ 的二维信号 $f(x,y)$，若它在时（空）域内有限（$0\leqslant x\leqslant l_x$ 和 $0\leqslant y\leqslant l_y$ 外 $f(x,y)=0$）和频域有限（$|u|\geqslant B_u$ 和 $|v|\geqslant B_v$ 时有 $F(u,v)=0$），就可选择整数 N_x，N_y 使之满足 $\dfrac{2\pi}{l_x/N_x}\geqslant 2B_x$ 和 $\dfrac{2\pi}{l_y/N_y}\geqslant 2B_y$，则以间隔 $T_x=l_x/N_x$，$T_y=l_y/N_y$ 对 $f(x,y)$ 进行的采样将不会使相应的二维频谱发生混叠，原连续二维信号也便可以通过其 $N_x\times N_y$ 个样本来重构。

若对 $f(x,y)$ 以 $T_{x1}=l_x/N_{x1}$，$T_{x2}=l_y/N_{y1}$（$N_{x1}<N_x$，$N_{y1}<N_y$）进行采样，则这一采样必为欠采样，同样会使其二维频谱发生混叠。

对于发生了混叠的频谱，由于频谱的混叠过程相当于是一个降秩变换，因此这一过程是不可逆的，即单从一个这样的变换去求逆解混叠是不可能的。要进行频谱解混叠，还必须有信号多通道或多次欠采样，才可以从同一个原始信号的多个相异的降秩变换来实现求逆。

二维信号欠采样引起的频谱混叠模型为

$$F_{\delta_x\delta_y h_x h_y}=\alpha_x\alpha_y A_x D_{\delta_x} H_x F H_y D_{\delta_y} A_y+N \tag{4.6}$$

式中，$\alpha_x=N_{x1}/N_x$，$\alpha_y=N_{y1}/N_y$，N_{x1} 和 N_{y1} 为在 X 和 Y 方向发生频谱混叠的采样点数，N_x 和 N_y 为在 X 和 Y 方向未发生频谱混叠的采样点数（$N_{x1}<N_x$，$N_{y1}<N_y$）；A_x 和 A_y 分别为二维信号在 X 和 Y 方向的混叠矩阵，其定义与一维相同；D_{δ_x} 和 D_{δ_y} 分别为 $f(x,y)$ 在 X 和 Y 方向的时延；H_x 和 H_y 表示了 $f(x,y)$ 的退化（经过了某种形式的滤波），且这种退化过程是线性的、时不变的，在 X 和 Y 方

向是可分离的。

4.5.3　频域解混叠矩阵的一般形式

频谱混叠矩阵在信号因欠采样而引起频谱的混叠和对已经发生混叠的频谱进行解混叠的理论中起着非常重要的作用。

频谱混叠矩阵 $A=\left[a_{ij}\right]$ 为 $N_1 \times N$ 矩阵。

当 $N_1 > N$ 时，矩阵 A 具有如下形式：

$$A=\begin{bmatrix} I_{\left[\frac{N+1}{2}\right]} & 0 & 0 \\ 0 & 0 & I_{\left[\frac{N}{2}\right]} \end{bmatrix}$$

矩阵中有 $N_1 - N$ 个 0，它表现为信号频谱周期性重复但不发生混叠，即信号为过采样。

当 $N_1 = N$ 时，$A = I_N$。它表现为信号采样频率刚好是 Nyquist 频率。

当 $N_1 < N$ 时，矩阵 A 具有如下形式：

$$A=\left[\ I_{N_1}\cdots I_{N_1} I_{K_1} I_{K_2} \cdots I_{N_1} \cdots I_{N_1}\ \right]$$

其中，左边有 $m_1=\left[\frac{N+1}{2}\Big/N_1\right]$ 个 I_{N_1}，右边有 $m_2=\left[\frac{N}{2}\Big/N_1\right]$ 个 I_{N_1}，$K_1=\left[\frac{N+1}{2}\right]\mathrm{mod}N_1$，$K_2=\left[\frac{N}{2}\right]\mathrm{mod}N_1$。这表现为信号采样为欠采样，信号频谱在发生周期性重复的同时发生了混叠。

显然，当 $N_1 < N$ 时频谱的混叠变换 $f_1=\alpha A f$ 或 $F_1=\alpha_x \alpha_y A_x F A_y^{\mathrm{T}}$ 为亏秩变换，单从一次亏秩变换的结果来求逆一般是不可能的。

4.5.4　频谱解混叠的并行行操作迭代算法

我们知道，如果对信号的采样是欠采样，则采样的过程是一个降秩过程，这使相应频谱发生混叠，对应频域变换亏秩。对于只有一组采样值的情形，其对应频谱混叠的矩阵方程可能有无穷多组解，要获得矩阵方程的唯一解或约束最小二乘解，则必须获得和使用多组采样值，即从多个联立的矩阵方程组来求解。这样图像的空间分辨率提高问题就转化成了在频率域的频谱解混叠问题，并进一步转化成了频谱混叠方程或联立矩阵方程组的求解问题。

联立方程组求解方法的不同会使此类方法产生出性能各异的频域解混叠的算法。

对于二维信号，在不考虑采样过程中可能混入随机噪声的情形下，M 组欠采样值的 DFT 谱与未混叠的理想 DFT 谱之间存在如下关系：

$$\begin{cases} F_1 = \alpha_{x1}\alpha_{y1}A_{x1}D_{x1}H_{x1}FH_{y1}D_{y1}A_{y1}^{\mathrm{T}} \\ F_M = \alpha_{xM}\alpha_{yM}A_{xM}D_{xM}H_{xM}FH_{yM}D_{yM}A_{yM}^{\mathrm{T}} \end{cases}$$

或

$$\begin{cases} F_1 = B_1 FC_1 \\ \cdots \\ F_M = B_M FC_M \end{cases}$$

有了同一个原始信号的多通道采样值或多次采样值,只要这些采样值之间有着互不包含的信息,就有可能实现变换求逆,从而实现频谱的解混频。

假设原始图像离散频谱的向量表达式为f,在M次欠采样中的第i次欠采样的离散频谱的向量表达式为$\hat{f}_i$,则其频谱混叠的降秩变换可表达为:$\hat{f}_i = Tf$。我们知道,这些变换是一些线性变换,并可表达为线性方程组:$\hat{f}_i = A^i f$。其中,A_i为把f混叠和退化成$\hat{f}_i$的矩阵。从而有多次欠采样对应在频率域发生混叠的一般公式:

$$\begin{bmatrix} \hat{f}_1 \\ \cdots \\ \hat{f}_i \\ \cdots \\ \hat{f}_M \end{bmatrix} = \begin{bmatrix} A_1 \\ \cdots \\ A_i \\ \cdots \\ A_M \end{bmatrix} \cdot f \qquad (4.7)$$

我们知道,$\hat{f}_i$的每个值只与f中的一些值相对应,而f中的这些值又只与$\hat{f}_i$中的一个值相对应。显然,对这种严格的多对一的变换求解,只有在获得多组采样值后才有可能。对于采样间隔(分辨率)完全相同的变换模型,可把式(4.7)分裂为若干互不相关的小方程组,从而求解。此类问题的求解可以不必苛求时延的互不相等,只要A_i之间互不线性相关就可以。也就是说,空间分辨率的不同、时延(空间位移)的不同、PSF的不同都有可能提供更多的信息,从而使图像的空间分辨率有可能得到提高。

如果所获得的多组采样值的采样间隔(分辨率)不相同时,对于这种情况下的求解可采用Kaczmarz逐行迭代法。但此方法不能并行计算,对矛盾方程组的求解也不理想。这里,我们利用一种类似于Kaczmarz方法的逐行迭代法,使之能求矛盾方程组的最小二乘解,从而使算法的抗噪声能力增强。

式(4.7)中第i次欠采样$\hat{f}_i$可简单表示为

$$\hat{f}_{i,k} = c_i \cdot a_{i,k}^{\mathrm{T}} \cdot f_{i,k} \qquad (4.8)$$

式中,$\hat{f}_{i,k}$表示第i次采样$\hat{f}_i$的第k个离散频谱值;$f_{i,k}$表示理想无混叠的离散频谱f中对$\hat{f}_{i,k}$有贡献的离散频谱值的集合$F_{i,k}$组成的向量;$c_i = N_{xi}N_{yi}/N_x N_y$(二

维）；$a_{i,k}$ 表示 $f_{i,k}$ 对 $\hat{f}_{i,k}$ 贡献的权值向量。对于理想采样情形，$a_{i,k}$ 是一个全为 1 的向量，且有 $\bigcap\limits_{k} F_{i,k} = \varnothing$ 及 $\bigcup\limits_{k} F_{i,k} = E$（$f$ 的所有频谱值的全集集合）。用 $s_{i,k}$ 表示集合 $f_{i,k}$ 中元素的个数，则有 $s_{i,k} = a_{i,k}^{\mathrm{T}} \cdot a_{i,k}$ 和 $\sum\limits_{k} s_{i,k} = N_x N_y$（二维）。用 $\mathrm{d}f_{i,k}$ 表示 $f_{i,k}$ 的变化量，用 $\mathrm{d}f$ 表示 f 的变化量，则用逐行迭代法求解的具体算法如下：

第 1 步，给定 f 的初始值 $f(0)$，迭代次数 $p = 0$；

第 2 步，$\mathrm{d}f = 0$；

第 3 步，对 i 从 1 到 M（图像个数）循环执行第 4 ~ 5 步；

第 4 步，对 k 从 1 到 $N_{xi} N_{yi}$ 循环执行第 5 步；

第 5 步，$\mathrm{d}f_{i,k} = \mathrm{d}f_{i,k} + a_{i,k} \cdot \left[\hat{f}_{i,k}/c_i - a_{i,k}^{\mathrm{T}} \cdot f_{i,k}(p) \right] / s_{i,k}$；

第 6 步，$f(p+1) = f(p) + \mathrm{d}f / M$；

第 7 步，$p = p+1$；

第 8 步，对 $f(p)$ 进行高频成分抑制性滤波；

第 9 步，如 $f(p)$ 满足误差精度要求则结束迭代；否则，转到第 2 步。

本算法对于任意初始值 $f(0)$ 均收敛。但为使算法稳定、收敛速度快，上述算法中增加了用以抑制高频成分的第 8 步，而 f 的初始值可采用高频置 0 而低频采用某一幅图像的频谱。如考虑在采样过程中可能混入的噪声，实际中 $s_{i,k}$ 可除以一个与信号信噪比成比例的权值 ω_i。这相当于是在计算线性方程组的加权最小二乘解。

4.5.5　频域解混叠法实验结果

1. 理想状况

（1）高模式

理想状况下高模式处理前后效果对比如图 4.14 所示。

（2）超模式

理想状况下超模式处理前后效果对比如图 4.15 所示。

2. 非理想状况

（1）高模式

非理想状况下高模式处理前后效果对比如图 4.16 所示。

（2）超模式

非理想状况下超模式处理前后效果对比如图 4.17 所示。

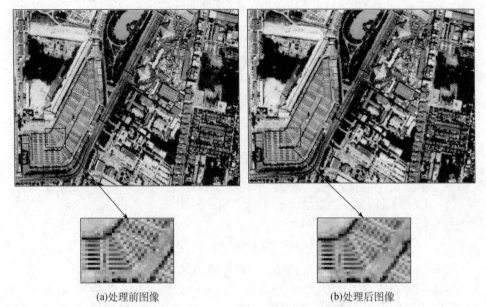

(a)处理前图像　　　　　　　　　　　　　(b)处理后图像

图 4.14　理想状况下高模式处理前后效果对比图

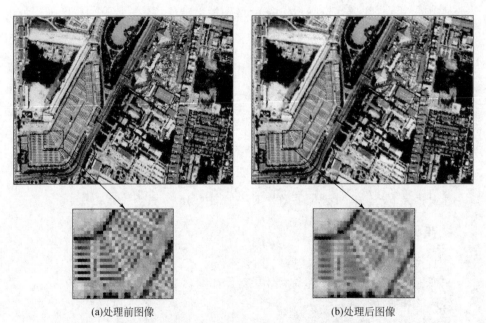

(a)处理前图像　　　　　　　　　　　　　(b)处理后图像

图 4.15　理想状况下超模式处理前后效果对比图

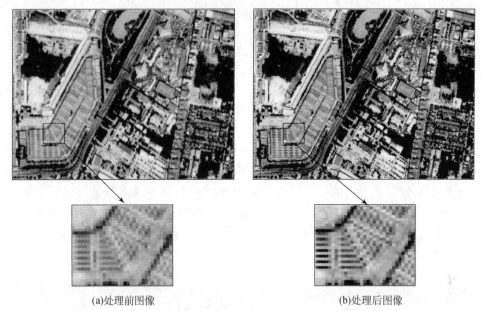

(a)处理前图像　　　　　　　　　　　　　　(b)处理后图像

图 4.16　非理想状况下高模式处理前后效果对比图

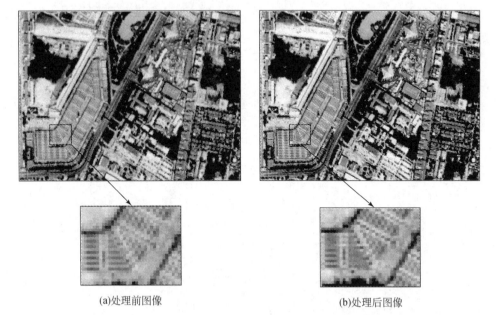

(a)处理前图像　　　　　　　　　　　　　　(b)处理后图像

图 4.17　非理想状况下超模式处理前后效果对比图

4.6　参照系数学模型法

4.6.1　参照系数学模型法理论

如何通过硬件设计改进星上 CCD 相机成像方式和地面图像数据融合相互配合的巧妙方法来提高遥感卫星图像的空间分辨率，是我们研究的关键问题。

我们首先想到的是两台相同的相机对同一区域同时成像，即沿卫星飞行方向两台相机取景一致，垂直于卫星飞行方向上两台相机取景相差半个像元，如图 4.18 所示。随着卫星向前飞行，CCD 成像系统推扫，获取两幅垂直飞行方向相差半个像元的图像数据。实际上，这样做非常困难，首先，两台相机的硬件如此精密的整合难度很大，其次，由于两台相机的光学系统不可能完全一致，地面图像重建非常困难。

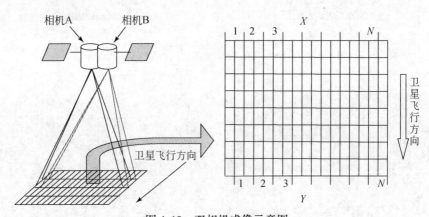

图 4.18　双相机成像示意图

对于每一扫描行，两台相机成像如图 4.19 所示。

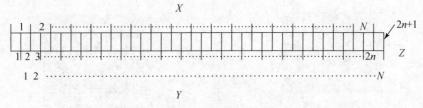

图 4.19　双相机成像每一扫描行示意图

根据图 4.19 可列出如下方程式：

$$\left.\begin{array}{ll} X_1 = Z_1 + Z_2 & Y_1 = Z_2 + Z_3 \\ X_2 = Z_3 + Z_4 & Y_2 = Z_4 + Z_5 \\ X_3 = Z_5 + Z_6 & Y_3 = Z_6 + Z_7 \\ \quad\vdots & \quad\vdots \\ X_{N-1} = Z_{2N-3} + Z_{2N-2} & Y_{N-1} = Z_{2N-2} + Z_{2N-1} \\ X_N = Z_{2N-1} + Z_{2N} & Y_N = Z_{2N} + Z_{2N+1} \end{array}\right\} \qquad (4.9)$$

式中，X 是相机 X 成像的像元值；Y 是相机 Y 成像的像元值；Z 是经数据融合后分辨率提高一倍的像元值。

　　由式（4.9）可以看出：X、Y 是已知数，X 有 N 个数值，Y 也有 N 个数值；Z 是未知数，有 $2N + 1$ 个数值。也就是说，共有 $2N$ 个方程式，$2N$ 个已知数，$2N + 1$ 个未知数，方程组有无穷组解。显然，如果已知 $Z_1 \sim Z_{2N+1}$ 中的任意一个，方程组就有一组解。

　　可以设想，如果 $Z_1 \sim Z_{2N+1}$ 中的任意一个像元是水体，或者冰雪或其他已知辐射值的地物，整个方程组也有解。进一步设想，如果在 $Z_1 \sim Z_{2N+1}$ 中我们人为地加入一个或几个已知值的像元，最好是固定标准值的像元，那么，整个方程组不但有解，而且有多组解，可以求得最优解。如果加入一个参照系，在每条扫描线的一端或两端扫入一个或多个已知值的像元，作为参照像元，如图 4.20 所示，就可以解出方程组，得到每一个 Z 的值，从而达到提高分辨率的目的。

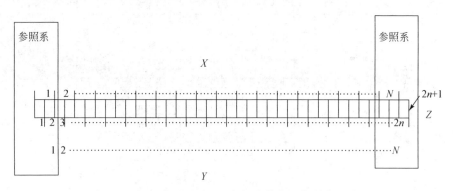

图 4.20　加入参照系后，双相机成像每一扫描行示意图

　　决定参照像元值的方法有两种，一种是在地面量测，通过计算得出；另一种是计算参照系所覆盖的区域，得出参照像元值，如

$$Z_1 = Z_2 = X_1/2 \qquad Z_{2n} = Z_{2n+1} = Y_n/2$$

如果扫描行扫描的参照系多于两个像元，如 5 个像元，那么

$$Z_1 = Z_2 = Z_3 = Z_4 = Z_5 = Z_6 = Z_7 = Z_8 = Z_9 = Z_{10} = (X_1 + X_2 + X_3 + X_4 + X_5)/10$$

或

$$Z_2 = Z_3 = Z_4 = Z_5 = Z_6 = Z_7 = Z_8 = Z_9 = Z_{10} = Z_{11} = (Y_1 + Y_2 + Y_3 + Y_4 + Y_5)/10$$

以上的运算是基于一种假设，即参照系的辐射特性一致。也就是说，在参照系的范围内，假设扫描行扫描的参照系为 6 个像元，那么

$$\left. \begin{array}{l} Z_1 = Z_2 = Z_3 = Z_4 = Z_5 = Z_6 = Z_7 = Z_8 = Z_9 = Z_{10} = Z_{11} \\ X_1 = X_2 = X_3 = X_4 = X_5 = Y_1 = Y_2 = Y_3 = Y_4 = Y_5 \end{array} \right\} \tag{4.10}$$

才成立。同时可以看出，一个参照系已经够用。那么，是否两个参照系更好，更利于优化方程组的解？这要进行实验来确定。

另外，参照系的扫描宽度多大更好？从理论上讲，太小会影响参照系像元值的可靠性和稳定性；太大会浪费有效像元，意义不大。因此，也应通过实验来确定。

以上方法只是将像元垂直于卫星飞行方向的空间分辨率提高了一倍，沿卫星飞行方向空间分辨率的提高有两种方法。一种是将像元扫描的光电积分时间缩短为原来的一半；另一种方法是通过四台相机成像，然后进行数据融合，得出高分辨率图像，如图 4.21 所示。

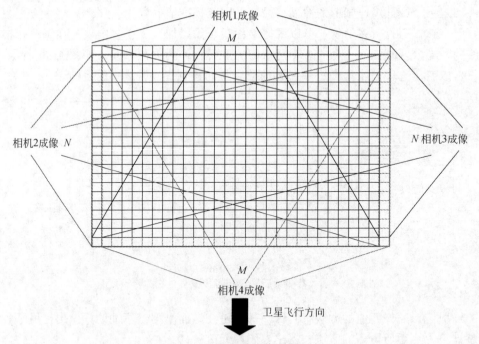

图 4.21　四相机成像示意图

图 4.21 中，和相机 1 相比，相机 2 成像在卫星飞行方向相差半个像元，在垂直卫星飞行方向一致；相机 3 成像在卫星飞行方向一致，在垂直卫星飞行方向

相差半个像元；相机 4 成像在卫星飞行方向和垂直卫星飞行方向都相差半个像元。设相机 1 所获取的像元为 $A [M, N]$，相机 2 所获取的像元为 $B [M, N]$，相机 3 所获取的像元为 $C [M, N]$，相机 4 所获取的像元为 $D [M, N]$，数据融合后的高分辨率像元为 $X [2M+1, 2N+1]$，那么有方程组（4.10）。

　　同样，式（4.10）的方程组有 $4 \times M \times N$ 个方程式，有 $(2M+1)(2N+1)$ 个未知数，即未知数比方程式的个数多 $2M + 2N + 1$，在纯数学意义上讲，这是一个有无穷解的方程组。但是，如果加上边界参考系，该方程组同样是可有一组唯一解的，这里不再详述。

$$
\left.
\begin{aligned}
A_{11} &= X_{11} + X_{21} + X_{12} + X_{22} \\
B_{11} &= X_{12} + X_{22} + X_{13} + X_{23} \\
C_{11} &= X_{21} + X_{31} + X_{22} + X_{32} \\
D_{11} &= X_{22} + X_{32} + X_{23} + X_{33}
\end{aligned}
\right\}
$$

$$
\left.
\begin{aligned}
A_{12} &= X_{13} + X_{23} + X_{14} + X_{24} \\
B_{12} &= X_{14} + X_{24} + X_{15} + X_{25} \\
C_{12} &= X_{23} + X_{33} + X_{24} + X_{34} \\
D_{12} &= X_{24} + X_{34} + X_{25} + X_{35}
\end{aligned}
\right\}
$$

$$
\left.
\begin{aligned}
A_{21} &= X_{31} + X_{41} + X_{32} + X_{42} \\
B_{21} &= X_{32} + X_{42} + X_{33} + X_{43} \\
C_{21} &= X_{41} + X_{51} + X_{42} + X_{52} \\
D_{21} &= X_{42} + X_{52} + X_{43} + X_{53}
\end{aligned}
\right\}
$$
$$\vdots$$
$$
\left.
\begin{aligned}
A_{MN} &= X_{(2M-1)(2N-1)} + X_{(2M)(2N-1)} + X_{(2M-1)(2N)} + X_{(2M)(2N)} \\
B_{MN} &= X_{(2M-1)(2N)} + X_{(2M)(2N)} + X_{(2M-1)(2N+1)} + X_{(2M)(2N+1)} \\
C_{MN} &= X_{(2M)(2N-1)} + X_{(2M+1)(2N-1)} + X_{(2M)(2N)} + X_{(2M+1)(2N)} \\
D_{MN} &= X_{(2M)(2N)} + X_{(2M+1)(2N)} + X_{(2M)(2N+1)} + X_{(2M+1)(2N+1)}
\end{aligned}
\right\}
$$

$$(4.11)$$

　　以上是分辨率提高一倍的方法，同理，在不考虑光学系统极限、硬件工艺技术水平、信号信噪比等客观限制条件，在理想的情况下，卫星图像的空间分辨率可以提高 2 倍、3 倍甚至 N 倍（N 可以非常大）。下面是在垂直卫星飞行方向上空间分辨率提高 2 倍（为原来的 3 倍）的简单示意图（图 4.22），类似于图 4.19。

　　图 4.22 中，三台相机的成像像元分别为：$A (N)$、$B (N)$、$C (N)$，它们依次相差 1/3 个像元，经数据融合后空间分辨率提高了 2 倍的图像像元为 $X (3N+2)$。那么，可以得到以下方程组：

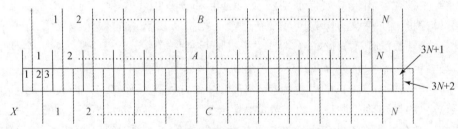

图 4.22　三相机成像每一扫描行示意图

$$A_1 = X_1 + X_2 + X_3;\ B_1 = X_2 + X_3 + X_4;\ C_1 = X_3 + X_4 + X_5$$
$$A_2 = X_4 + X_5 + X_6;\ B_2 = X_5 + X_6 + X_7;\ C_2 = X_6 + X_7 + X_8$$
$$\vdots$$
$$A_N = X_{3N-2} + X_{3N-1} + X_{3N};\ B_N = X_{2N-1} + X_{3N} + X_{3N+1};\ C_N = X_{3N} + X_{3N+1} + X_{3N+2}$$

$$(4.12)$$

以上这个方程组同样可以应用增加参照系的方法求得一组优化解，使得在垂直卫星飞行方向上空间分辨率提高 2 倍（为原来的 3 倍）。同理，在卫星飞行方向上空间分辨率提高 2 倍的方法也有两种，这里不做详述。

4.6.2　参照系数学模型法实验结果

1. 靶标图像

图 4.23 显示的是：由两幅分辨率为 10（像素）、扫描错开半个像元（5 像素）的模拟图像（上部的两幅图），经融合算法所合成的分辨率为 5（像素）的图像（右下角图像）与直接用大小为 5（像素）的孔径对加了参考系的靶标图像进行的模拟成像（左下角图像）的比较。结果非常理想，分辨率提高了 1 倍。

图 4.24 显示的是：由三幅分辨率为 15（像素）、扫描错开 1/3 个像元（5 像素）的模拟图像（上部的三幅图），经融合算法所合成的分辨率为 5（像素）的图像（右下角图像）与直接用大小为 5（像素）的孔径对加了参考系的靶标图像进行的模拟成像（左下角图像）的比较。结果非常理想，分辨率提高了 2 倍。

图 4.25 显示的是：由四幅分辨率为 20（像素）、扫描错开 1/4 个像元（5 像素）的模拟图像（上部的四幅图），经融合算法所合成的分辨率为 5（像素）的图像（右下角图像）与直接用大小为 5（像素）的孔径对加了参考系的靶标图像进行的模拟成像（左下角图像）的比较。结果非常理想，分辨率提高了 3 倍。

应用美国空军常用的靶标模拟图像，我们分别对提高 1 倍、2 倍、3 倍图像空间分辨率的图像融合理论进行了数字模拟验证，结果非常理想。实验表明：我们所建立的提高图像空间分辨率的图像融合理论是正确的。

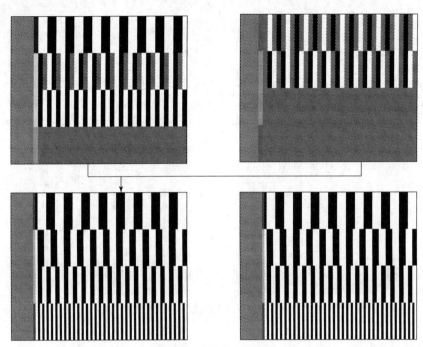

图 4.23 分辨率提高 1 倍实验结果（10×2→5×1）

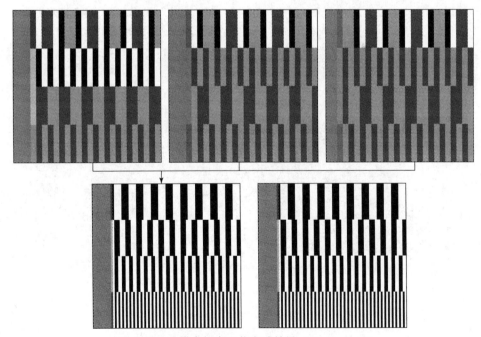

图 4.24 分辨率提高 2 倍实验结果（15×3→5×1）

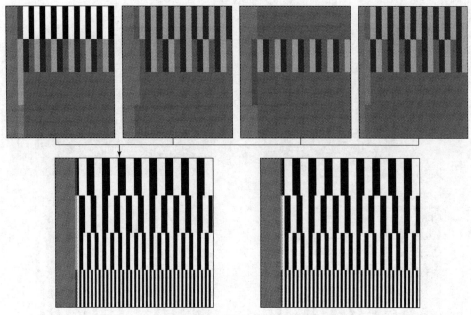

图 4.25　分辨率提高 3 倍实验结果（20×4→5×1）

2. 热气球图像

以我们日常生活中常见的热气球图像为实验数据，我们以横向和双向两种方式分别对提高 1 倍、2 倍图像空间分辨率的图像融合理论进行了数字模拟验证，结果非常理想。实验表明：我们所建立的提高图像空间分辨率的图像重建算法在理想状况下是正确的。其结果如图 4.26 ~ 图 4.29 所示。

(a)低分辨率图像1

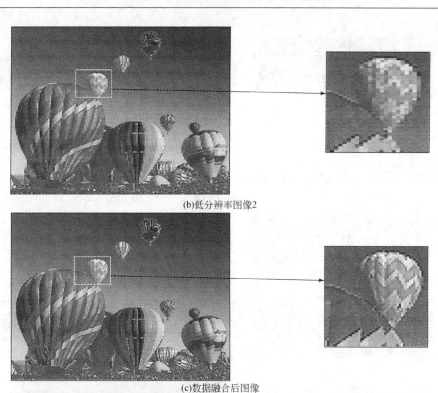

(b)低分辨率图像2

(c)数据融合后图像

(d)加参考系的原始图像

图 4.26　热气球图像横向提高分辨率 1 倍示意图

(a)低分辨率图像1

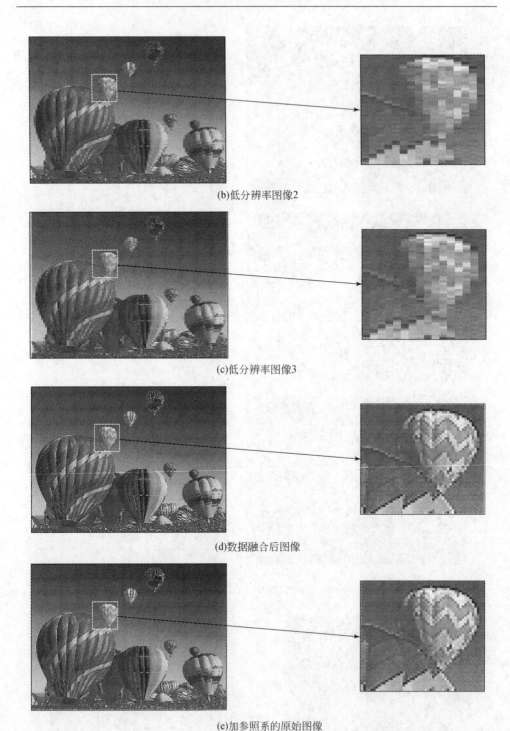

(b)低分辨率图像2

(c)低分辨率图像3

(d)数据融合后图像

(e)加参照系的原始图像

图 4.27　热气球图像横向提高分辨率 2 倍示意图

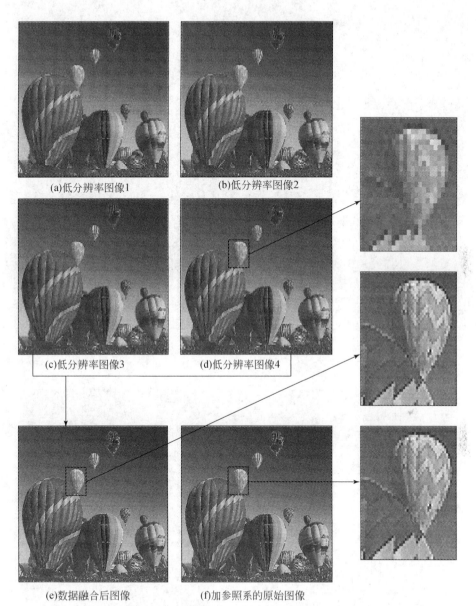

(a)低分辨率图像1　　　　　(b)低分辨率图像2

(c)低分辨率图像3　　　　　(d)低分辨率图像4

(e)数据融合后图像　　　　　(f)加参照系的原始图像

图 4.28　热气球图像双向提高分辨率 1 倍示意图

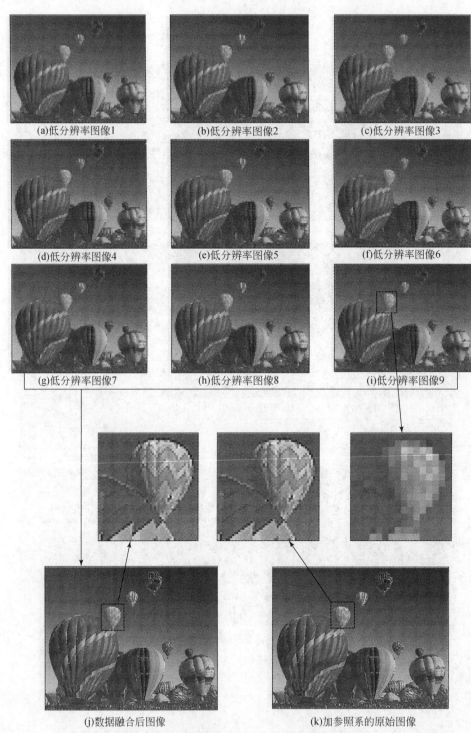

(a)低分辨率图像1　(b)低分辨率图像2　(c)低分辨率图像3

(d)低分辨率图像4　(e)低分辨率图像5　(f)低分辨率图像6

(g)低分辨率图像7　(h)低分辨率图像8　(i)低分辨率图像9

(j)数据融合后图像　(k)加参照系的原始图像

图 4.29　热气球图像双向提高分辨率 2 倍示意图

3. 黑白遥感图像

我们采用相同方式对黑白遥感图像进行处理，结果也非常理想，如图 4.30 ~ 图 4.33 所示。

(a)低分辨率图像1　　　　　　　　　　(b)低分辨率图像2

(c)经数据融合后图像　　　　　　　　　(d)部分原始图像

图 4.30　黑白遥感图像横向提高分辨率 1 倍示意图

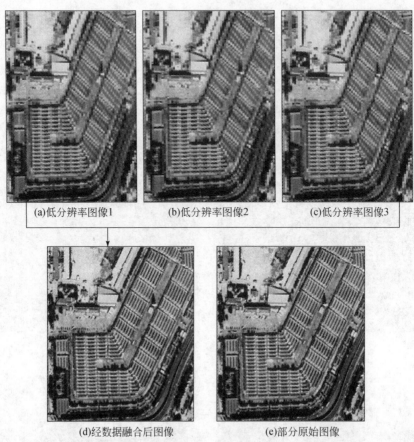

(a)低分辨率图像1   (b)低分辨率图像2   (c)低分辨率图像3

(d)经数据融合后图像   (e)部分原始图像

图 4.31　黑白遥感图像横向提高分辨率 2 倍示意图

(a)低分辨率图像1   (b)低分辨率图像2

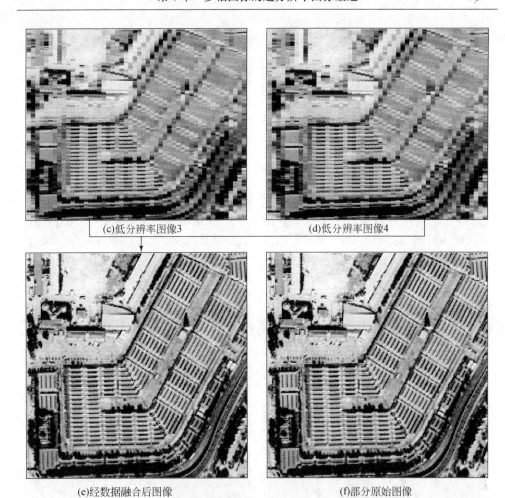

(c)低分辨率图像3　　　　　　　　　　(d)低分辨率图像4

(e)经数据融合后图像　　　　　　　　　(f)部分原始图像

图 4.32　黑白遥感图像横向提高分辨率 3 倍示意图

(a)低分辨率图像1

(b)低分辨率图像2

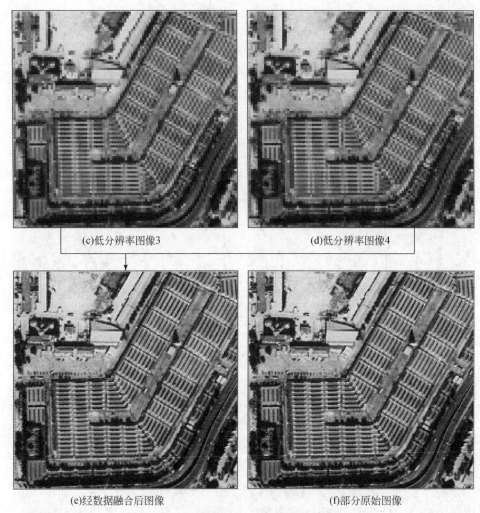

(c)低分辨率图像3　　　　　　　　(d)低分辨率图像4

(e)经数据融合后图像　　　　　　　(f)部分原始图像

图 4.33　黑白遥感图像双向提高分辨率 1 倍示意图

4.7　通用交叉和插值法

对于 SPOT5 的超模式，交叉和插值的方法是：用采样间隔在两个方向上都被二等分的原始网格建立最后的网格图像。这个过程包括把来自两线阵列的每一行插入一网格（通过把遗漏像元设为零），然后把得到的图像相加。应该注意到，即使偏移不是 0.5 个像元也可插值处理，并且图像质量不会损失。实际上，一非常低的偏移（小于 0.1 个像元）会带来一些问题。尽管如此，这意味着两线阵列偏移中的可能误差可以通过地面处理来补偿。为了使我们的研究更具实用性，更具工程建设的可操作性，以下的实验均是在非理想状况下取得的。

4.7.1　高模式的交叉和插值

1. 高模式 1

高模式 1 条件下，交叉插值处理结果的热气球图像和黑白图像分别如图 4.34 和图 4.35 所示。

(a)处理前图像　　　　　　　　　(b)处理后图像

图 4.34　热气球图像高模式 1 交叉插值处理结果示意图

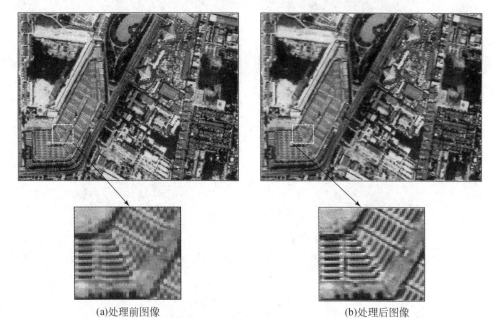

(a)处理前图像　　　　　　　　　(b)处理后图像

图 4.35　黑白图像高模式 1 交叉插值处理结果示意图

2. 高模式 2

高模式 2 条件下，交叉插值处理结果的热气球图像和黑白图像如图 4.36 和图 4.37 所示。

(a)处理前图像　　　　　　　　　　　　(b)处理后图像

图 4.36　热气球图像高模式 2 交叉插值处理结果示意图

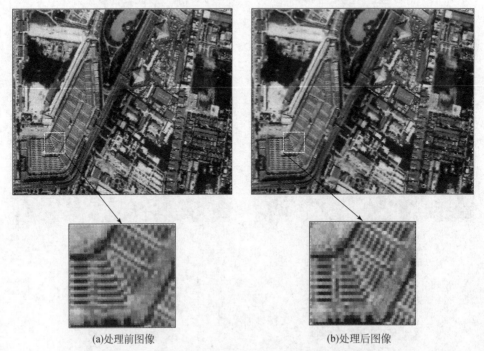

(a)处理前图像　　　　　　　　　　　　(b)处理后图像

图 4.37　黑白图像高模式 2 交叉插值处理结果示意图

4.7.2　超模式的交叉和插值

超模式交叉和插值方式原理如图 4.38 所示，方点是第一幅低分辨率图像，圆点是第二幅低分辨率图像，通过相间插入形成一幅高分辨率图像，在保持两幅原图像相应点值不变的前提下，要给定网格中无值空白点的灰度值。

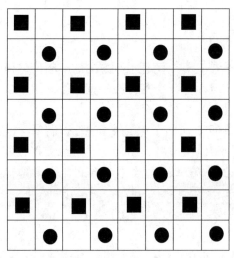

图 4.38　超模式交叉插值方式示意图

1. 超模式交叉和插值方法

通过研究，确定超模式插值方法有以下两种：均值法和混合中值法。

（1）均值法

均值法内插模板如下：

$$X(0,\ -1)$$
$$X(-1,\ 0)\qquad Y_{\text{MED4}}\qquad X(1,\ 1)$$
$$X(0,\ 1)$$

$$Y_{\text{MED4}} = \text{MEDIAN}\big[X(0,\ -1),\ X(-1,\ 0),\ X(0,\ 1),\ X(1,\ 1)\big]$$

（2）混合中值法

使用线性子结构，中值滤波器可以保存窄的线性信息。因此，中值滤波器可以应用于插值方法中。由于四个点的中值滤波器有时内插不成功，所以我们应用混合中值法进行插值。除四个邻近像元之外，第五个参数可以使用 FIR 子结构产生：

$$Y_{\text{FMH5}} = \text{MEDIAN}\big[X(0,\ -1),\ X(-1,\ 0),\ X(1,\ 0),\ X(0,\ 1),\ Y_{\text{FIR}}\big]$$

当使用线性 FIR 滤波器子结构时，其频域响应不需要有理想的梅花形基本周期。其道理非常简单：滤波器不能切断只具有一个像元宽度的线段。滤波器锐化一些线段，但这不很重要，因为中值操作限制了输出结果。边缘能够得到很好的保存，因为四个采样的中间像元灰度值各不相同，而且 FIR 子结果没有影响。对于带有线性子结构的具有八个采样的滤波模板可以探测到所有的单独线段。

$$-1/4 \qquad 1/2 \qquad -1/4$$
$$1/2 \quad Y_{FIR} \quad 1/2$$
$$-1/4 \qquad 1/2 \qquad 1/4$$

这样的 FIR 系数非常简单，而且水平方向的高频信息得到削减。在实际应用中，这意味着如果高频域存在几个平行的垂直线段，使用该滤波器不能实现信息重构。然而单独的窄垂直线段被保存了。

在对角线方向和边缘上，四个采样中值滤波器的两个中间点灰度值也不相同。使用小模板的线性子结构非常容易使这个边缘变得模糊。所以我们使用 FIR 中值混合滤波代替单独的 FIR 线性子结构进行内插，并取得了很好的效果，它是三个线性子结构的混合：

$$Y_{hor} = [X(-1, 0) + X(1, 0)]/2$$
$$Y_{ver} = [X(0, -1) + X(1, 0)]/2$$
$$Y_{FWH} = \mathrm{MEDIAN}[X(0, -1),\ X(-1, 0),\ X(1, 0),\ X(0, 1),$$
$$\mathrm{MEDIAN}(Y_{FIR},\ Y_{hor},\ Y_{ver})]$$

该滤波器的主要思想是限制了线性子结构在水平和垂直均值的范围内。五个采样的中值和三个采样点的中值操作顺序可以在不改变函数的情况下颠倒操作：

$$Y_{FWH} = \mathrm{MEDIAN}\{Y_{hor},\ Y_{ver},\ \mathrm{MEDIAN}[X(0, -1),\ X(-1, 0),\ X(1, 0),$$
$$X(0, 1),\ Y_{FIR}]\}$$

2. 超模式交叉和插值方法处理结果

（1）理想状况

理想状况下，超模式交叉插值方法处理结果的热气球图像和黑白图像分别如图 4.39 和图 4.40 所示。

（2）非理想状况

非理想状况下，超模式交叉插值方法处理结果的热气球图像和黑白图像分别如图 4.41 和图 4.42 所示。

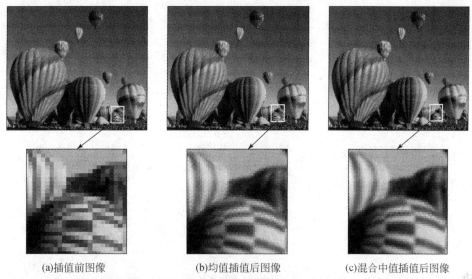

(a)插值前图像　　　　　　(b)均值插值后图像　　　　　(c)混合中值插值后图像

图4.39　理想状况下热气球图像超模式交叉插值处理结果示意图

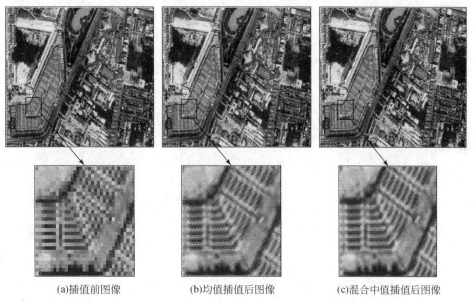

(a)插值前图像　　　　　　(b)均值插值后图像　　　　　(c)混合中值插值后图像

图4.40　理想状况下黑白图像超模式交叉插值处理结果示意图

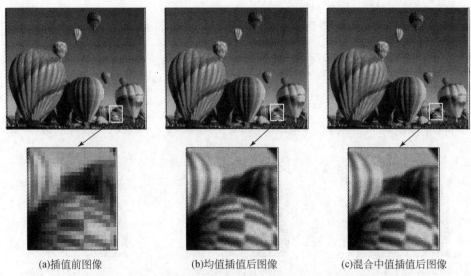

(a)插值前图像　　　　　　　(b)均值插值后图像　　　　　　　(c)混合中值插值后图像

图 4.41　非理想状况下热气球图像超模式交叉插值处理结果示意图

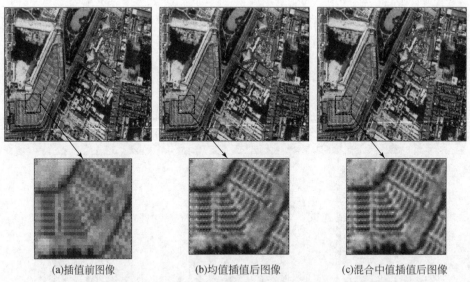

(a)插值前图像　　　　　　　(b)均值插值后图像　　　　　　　(c)混合中值插值后图像

图 4.42　非理想状况下黑白图像超模式交叉插值处理结果示意图

4.8　Landweber 算法

图像重建的方法是一个广泛涉及的问题，可以使用不同的方法，如多边形内插方法、基于 DFT 的方法、迭代的方法等。已有的方法在二维的情况下都具有各种不同的限制。通过研究，我们认为使用 Landweber 算法的迭代方法具有比较好的灵活性，是获取甚高分辨率二维图像很好的方法。

4.8.1　Landweber 算法原理

如果连续的高分辨率图像通过带限信号 g_c 来进行估计，g_c 可以使用均匀采样而且没有信息丢失的图像采样 g 来近似，所以非均匀采样图像 f 和高分辨率的图像 g 可以通过如下关系联系起来：

$$f = A \circ g \tag{4.13}$$

式中，A 是线性转换操作，代表了非均匀采样的过程。A 可以使用矩阵表示，其代表了成像系统的点扩散函数（PSF）带来的模糊和非均匀采样的空间位置。因此，解卷积重建的问题就转换成为使用实际观测得到的低分辨率图像 f 获得高分辨率图像 g 的过程：

$$g = A^{-1}f \tag{4.14}$$

线性转换操作 A 的大小和采样点的多少成正比。因此，如果想计算它的逆矩阵所需要的计算量非常大。可以使用迭代–逼近的方法解决这个问题。下面我们就具体阐述使用 Landweber 算法迭代求解的具体方法。

式（4.14）代表的转换关系可以具体表示为

$$g = g + T \circ (f - A \circ g) \tag{4.15}$$

式中，T 代表从非均匀采样空间 F 得到的图像信息 f 到均匀采样空间 G 下的图像信息 g 的一种映射。对于映射 T，只要其能够使两个采样空间的像素具有一一对应的关系，都可以使用。例如，操作 A 的相邻操作 A^* 就满足这个条件。相邻操作被定义为满足如下关系的转换操作：

$$(A \circ g, f) = (g, A^* \circ f) \tag{4.16}$$

Landweber 算法使用 αA^* 操作代替式（4.15）中的 T。该算法使用一个初始的均匀采样的图像 $g(0)$，然后重复如下公式迭代地更新均匀采样 $g(0)$ 的值。

$$g(n+1) = B \circ g(n)$$
$$= g(n) + \alpha A^* \circ [f - A \circ g(n)] \tag{4.17}$$

这里，α 的值一定要足够小，才能保证 B 操作是收缩的操作来保证算法的收敛性。

图 4.43 表示了 Landweber 算法的迭代重建过程。首先，我们给出了两个已知的低分辨率图像，然后算法从一个估算的高分辨率图像开始，使用非线性内差得到高分辨率图像。因为它保持了良好的细节信息和边缘信息。通过不断迭代重建得到 $g(n)$ 来对高分辨率图像 g 进行模拟。因为 CCD 传感器成像单元是正方形的，我们假设在该孔径中各处的敏感度是相同的，所以操作 A 所代表的模糊操作

是将落在该成像范围内高分辨率像元点的光谱强度进行平均。此外，αA^* 用来将低分辨率采样区域 La 内的误差后向映射到高分辨率的成像区域 Ra 中，可以使用普通的线性插值方法，或者其他更好的方法。在高分辨率的采样区域，对所有的内插误差求和。

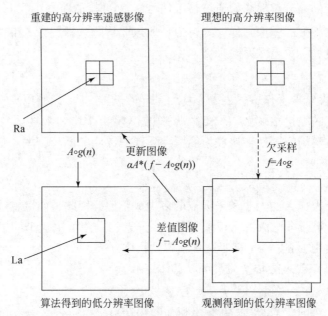

重建的高分辨率遥感影像　　　　　理想的高分辨率图像

Ra

$A\circ g(n)$　　　更新图像　　　　　　欠采样
　　　　　$\alpha A^*(f-A\circ g(n))$　　　$f=A\circ g$

　　　　　　　　　　　差值图像
La　　　　　　　　$f-A\circ g(n)$

算法得到的低分辨率图像　　　观测得到的低分辨率图像

图 4.43　Landweber 迭代算法框图

4.8.2　Landweber 算法详述

Landweber 算法分为以下 11 个步骤：

第 1 步，分别对两幅低分辨率图像 L_1 和 L_2 进行去噪；

第 2 步，得到高分辨率图像的初始解 $g(0)=\text{NonlinearInterpolate}(L_1, L_2)$，设图像大小为 $n\times n$，此时迭代次数 $=0$；

第 3 步，对图像循环执行上述操作，直到达到 n 次迭代，或者 ε 小于初始设定的一个阈值；

第 4 步，计算 $A\circ g(i)$，模拟传感器成像，生成低分辨率迭代图像 L_{temp}；

第 5 步，计算 L_{temp} 和低分辨率图像 L_1 的误差图像 $\varepsilon=L_1-L_{\text{temp}}$，该图像等同于低分辨率图像的大小 $m\times m$；

第 6 步，对误差图像进行线性内插 $\varepsilon_{n\times n}=\text{Interpolate}(\varepsilon_{m\times m})$；

第 7 步，将误差返回到该迭代次数中的高分辨率图像 $g(i+1)=g(i)+\varepsilon_{n\times n}$；

第 8 步，计算 $A\circ g(i+1)$，模拟传感器成像，生成低分辨率迭代图像 L_{temp}；

第 9 步，计算 L_{temp} 和低分辨率图像 L_1 的误差图像 $\varepsilon = L_1 - L_{\text{temp}}$，该图像等同于低分辨率图像的大小 $m \times m$；

第 10 步，对误差图像进行线性内插 $\varepsilon_{n \times n} = \text{Interpolate}\ (\varepsilon_{m \times m})$；

第 11 步，将误差返回到该迭代次数中的高分辨率图像 $g\ (i+2) = g\ (i+1) + \varepsilon_{n \times n}$，跳转到第 4 步。

4.8.3　Landweber 算法实验结果

1. 理想状况

（1）高模式

理想状况下高模式处理前后效果对比如图 4.44 所示。

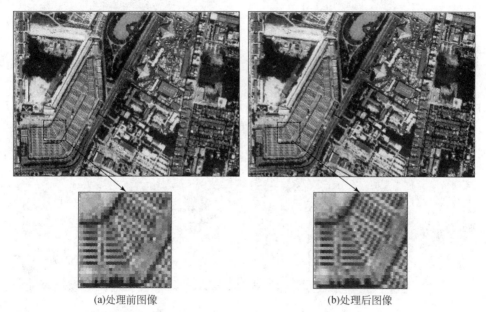

(a)处理前图像　　　　　　　　　　(b)处理后图像

图 4.44　理想状况下高模式处理前后效果对比图

（2）超模式

理想状况下超模式处理前后效果对比如图 4.45 所示。

2. 非理想状况

（1）高模式

非理想状况下高模式处理前后效果对比如图 4.46 所示。

（2）超模式

非理想状况下超模式处理前后效果对比如图 4.47 所示。

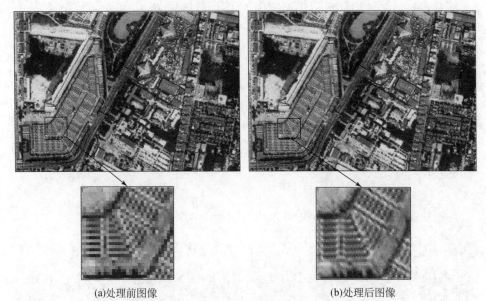

(a)处理前图像　　　　　　　　　　　　(b)处理后图像

图 4.45　理想状况下超模式处理前后效果对比图

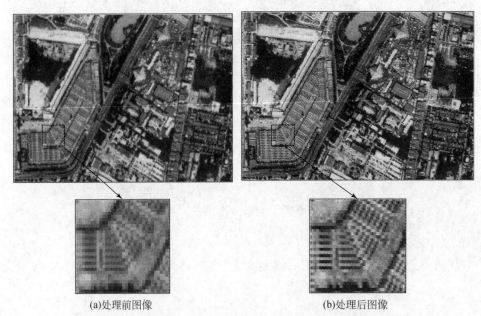

(a)处理前图像　　　　　　　　　　　　(b)处理后图像

图 4.46　非理想状况下高模式处理前后效果对比图

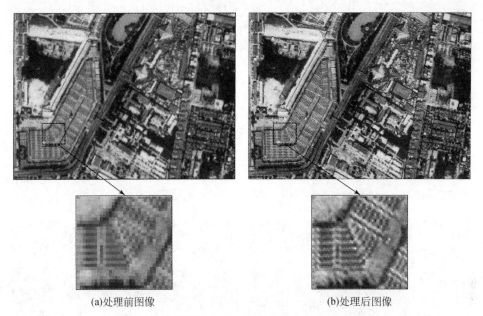

(a)处理前图像　　　　　　　　　　　　(b)处理后图像

图 4.47　非理想状况下超模式处理前后效果对比图

4.9　定差图像高分辨率重构法

4.9.1　定差图像高分辨率重构算法详述

该算法可分为以下 12 个步骤：

第 1 步，给出两幅像差固定为 0.5 个像元的低分辨率图像 L_1 和 L_2；

第 2 步，得到高分辨率图像的初始解 $g(0) = $ NonlinearInterpolate (L_1, L_2)，设图像大小为 $n×n$，此时迭代次数 $=0$；

第 3 步，对图像循环执行第 4~11 步，直到达到 n 次迭代，或者 ε 小于初始设定的一个阈值；

第 4 步，计算 $A \circ g(i)$，模拟传感器成像，生成低分辨率迭代图像 L_{temp}；

第 5 步，对 L_1 和 L_2 低分辨率图像进行线性内插；

第 6 步，计算 L_{temp} 和低分辨率图像 L_1 的误差图像 $\varepsilon = L_1 - L_{temp}$；

第 7 步，将误差返回到该迭代次数中的高分辨率图像 $g(i+1) = g(i) + \varepsilon_{n×n}$；

第 8 步，将高分辨率图像 g 行与列各错开一个像元；

第 9 步，计算 $A \circ g(i+1)$，模拟传感器成像，生成低分辨率迭代图像 L_{temp}；

第 10 步，计算 L_{temp} 和低分辨率影像 L_2 的误差图像 $\varepsilon = L_2 - L_{temp}$，该图像等同

于低分辨率图像的大小 $m \times m$；

第 11 步，对误差图像进行线性内插 $\varepsilon_{n \times n} = \text{Interpolate}\ (\varepsilon_{m \times m})$；

第 12 步，将误差返回到该迭代次数中的高分辨率图像 $g\ (i+2) = g\ (i+1) + \varepsilon_{n \times n}$，跳转到第 4 步。

4.9.2　定差图像高分辨率重构算法实验结果

1. 理想状况

（1）高模式

理想状况下高模式处理前后效果对比如图 4.48 所示。

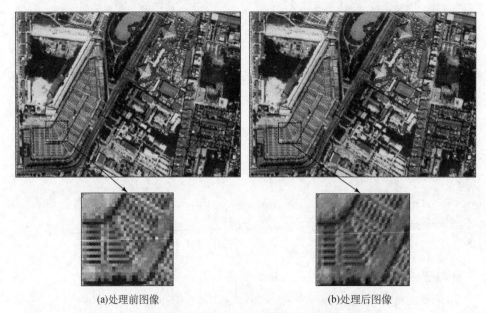

(a)处理前图像　　　　　　　　　　　　　　(b)处理后图像

图 4.48　理想状况下高模式处理前后效果对比图

（2）超模式

理想状况下超模式处理前后效果对比如图 4.49 所示。

2. 非理想状况

（1）高模式

非理想状况下高模式处理前后效果对比如图 4.50 所示。

（2）超模式

非理想状况下超模式处理前后效果对比如图 4.51 所示。

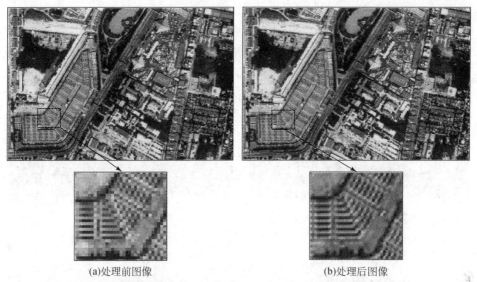

(a)处理前图像　　　　　　　　　　　　　　(b)处理后图像

图 4.49　理想状况下超模式处理前后效果对比图

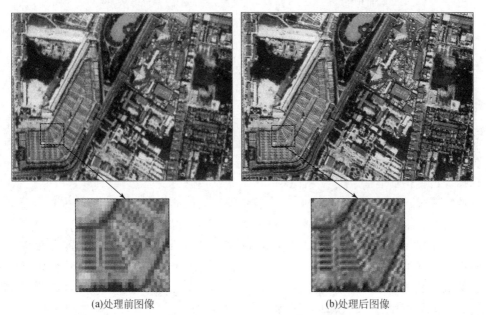

(a)处理前图像　　　　　　　　　　　　　　(b)处理后图像

图 4.50　非理想状况下高模式处理前后效果对比图

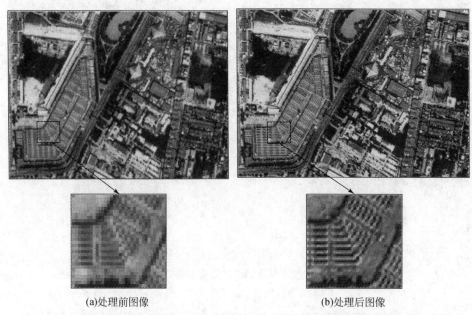

(a)处理前图像　　　　　　　　　　　　　(b)处理后图像

图 4.51　非理想状况下超模式处理前后效果对比图

4.10　扫描仪模拟实验

应用扫描仪进行星上扫描模拟实验可以从一定程度上说明图像重建方法的有效性，为此，进行了扫描仪实验。实际扫描照片为分辨率标板图像，扫描孔径为 20μm，图 4.52（a）是实际扫描两幅图像其中之一，应用两幅超模式方式扫描的图像进行均值插值、混合中值插值、定差图像高分辨率重构、Landweber 迭代、频域解混叠、凸集投影变权迭代、小波变换空间域插值七种方法进行提高分辨率图像重建，结果如图 4.52（b）~图 4.52（h）所示。

从实验结果中可以看出，Landweber 迭代法和定差图像高分辨率重构法对图像的分辨率有明显的提高。同样，均值插值法和混合中值插值法对图像分辨率的提高更为明显。但是，应用小波变换空间域插值法、凸集投影变权迭代法、频域解混叠法三种方法，图像的分辨率没有明显的提高，实际效果不好。

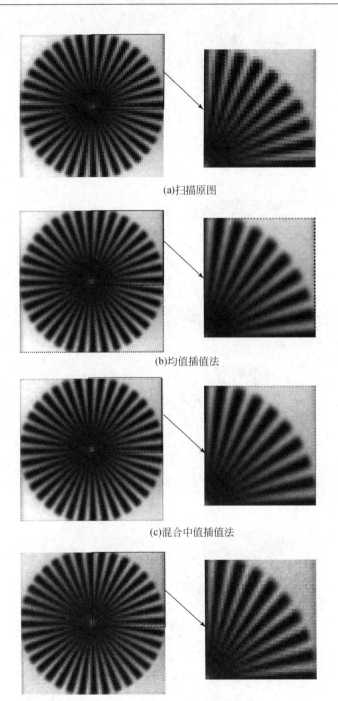

(a)扫描原图

(b)均值插值法

(c)混合中值插值法

(d)定差图像高分辨率重构法

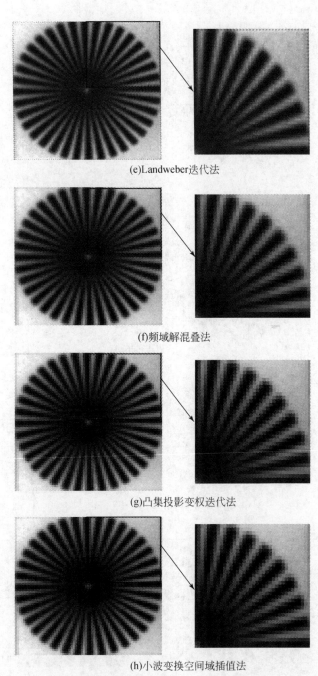

(e)Landweber迭代法

(f)频域解混叠法

(g)凸集投影变权迭代法

(h)小波变换空间域插值法

图 4.52　扫描仪扫描图像各种提高分辨率方法效果比较图

4.11　不同超分辨率方法效果比较

应用模拟的低分辨率图像进行参照系数学模型法、Landweber 迭代法、定差图像高分辨率重构法、小波变换空间域插值法、凸集投影变权迭代法、频域解混叠法、均值插值法、混合中值插值法 8 种方法进行提高分辨率图像重建，得到了 200 多幅实验结果图像，从总体上反映了各种图像重建方法的特性。

1. 参照系数学模型法

在理想状况下，参照系数学模型法不论是单方向还是双方向，其提高分辨率的效果是最好的，也是最理想的。但是，理论分析可以得知，参照系数学模型法不适宜于非理想状况。

2. Landweber 迭代法

不论是在理想状况下，还是在非理想状况下，应用 Landweber 迭代法，图像的分辨率有明显的提高。特别是在超模式采样时，图像的分辨率提高更为明显。

3. 定差图像高分辨率重构法

不论是在理想状况下，还是在非理想状况下，应用定差图像高分辨率重构法，图像的分辨率有明显的提高。特别是在超模式采样时，图像的分辨率提高更为明显。

4. 小波变换空间域插值法

不论是在理想状况下，还是在非理想状况下，应用小波变换空间域插值法，图像的分辨率没有明显的提高。因此，应用该方法进行图像重建，实际效果不好。

5. 凸集投影变权迭代法

不论是在理想状况下，还是在非理想状况下，应用凸集投影变权迭代法，图像的分辨率没有明显的提高。只是在超模式采样时，图像的分辨率稍有提高。

6. 频域解混叠法

不论是在理想状况下，还是在非理想状况下，应用频域解混叠法，图像的分辨率没有明显的提高。因此，应用该方法进行图像重建，实际效果不好。

7. 均值插值法和混合中值插值法

不论是在理想状况下，还是在非理想状况下，应用均值插值法和混合中值插值法，图像的分辨率有明显的提高。特别是在超模式采样时，图像的分辨率提高更为明显。

总之，在理想状况下，参照系数学模型法提高分辨率的效果是最好的，也是最理想的，但该方法不适宜于非理想状况。

作为在非理想状况下参照系数学模型法的改良方法：Landweber 迭代法和定差图像高分辨率重构法对图像的分辨率有明显的提高。同样，均值插值法和混合中值插值法对图像的分辨率也有明显的提高。特别是在超模式采样时，图像的分辨率提高更为明显。

但是，应用小波变换空间域插值法、凸集投影变权迭代法、频域解混叠法三种方法，图像的分辨率没有明显的提高，实际效果不好。

第5章 红外成像的超分辨率工程应用

5.1 国内外研究发展现状

5.1.1 国内研究发展现状

我国星载红外遥感系统的研制目前只进行了一些基础研究和关键技术试验工作。在星载红外遥感的部分关键技术方面，如光学系统设计加工、红外探测器技术、空间制冷技术、红外焦平面阵列等已经具备了一定的技术基础，并已在红外遥感器上得到应用和验证。在红外遥感器系统研制方面，已经完成了"风云气象卫星"扫描辐射计、资源卫星红外多光谱扫描仪等。遥感器系统的热红外段分辨率也从"风云一号"的 1100m（轨道高度 900km），提高到红外多光谱扫描仪的热红外段的分辨率为 160m（轨道高度 778km）。

目前，我国资源一号的空间分辨率（星下点）为：77.8m（谱段 6、7、8），156m（谱段 9），而国外（美国）红外遥感的空间分辨率小于 1m，红外图像的超分辨率研究就是要应用超分辨率的理论和技术缩短二者间的差距。

5.1.2 国外研究发展现状

目前国外星载红外遥感系统已经进入实用阶段。由于星载红外遥感相机研制的技术和应用资料是非常保密的，对其技术细节难以得到准确详细的数据。苏联在 20 世纪 80 年代初就拥有了具备可见光和热红外遥感能力的传输型遥感卫星，其在热红外谱段的分辨率为 9m 左右，美、英等欧美国家也研制了红外遥感卫星。国外星载红外遥感的主要发展趋势是高空间分辨率、高温度分辨率、宽覆盖和快速重复访问等。其中，探测器的改进，是提高红外成像空间分辨率的关键技术。

1. 第一代红外成像技术

从扫描开始，发展成采用多元探测器的光机扫描成像系统，提高了系统性能，使热成像能在军事上得到实际应用，形成了第一代军用热成像系统，其工作原理如图 5.1 所示。

光学系统将景物瞬时视场发射的红外辐射会聚成像到其焦平面的探测器上。

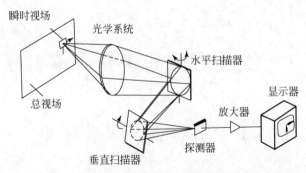

图 5.1　光机扫描成像原理

光机扫描系统包括两个扫描器，一个水平扫描器，一个垂直扫描器。扫描器工作时，光学系统自景物接收的会聚到探测器的入射光束，在物面上以电视光栅形式扫描，使探测器逐点接收景物的辐射并转换成电信号。经过视频处理后，即可在显示器上显示景物的热图像。

这种单元器件的光机扫描系统，由于器件光积分时间短且扫描频率高，对器件和光机扫描系统要求很高，实际上很难获得所要求的热图像。按不同方式排列的多元探测器代替单元探测器扫描构成了并联扫描、串联扫描和串并联扫描三种基本摄像方式，如图 5.2 所示。

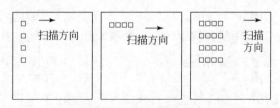

图 5.2　探测器排列方式

并联扫描方式是利用与扫描方向垂直的一列多元探测器。扫描时，光机扫描器每进一行扫一次，其中每个探测器同时平行扫过景物，每个探测器各扫过一行，所以其行扫描次数减少，行扫描周期增大。在每一次行扫描中需要把所扫各行输出数据经过多路传输与行序变换电路，按行序顺序输出，并可变为电视标准信号，由监视器显示。这种扫描方式的优点是增加了光积分时间和行扫描周期，降低了对探测器和光机扫描机构的要求，并提高了系统的信噪比。

串联扫描方式是利用与扫描方向相同的一行多元探测器。扫描时，每扫过一行，各探测器扫描过的是同一行，通过两维扫描，每个探测器都扫过系统的景物总视场，即景物的每个像素都连续被各探测器探测一次。因此，在扫描中，需要用"TDI"（时间延迟积分）电路将各探测器所接收同一像素的信号叠加后输出，并可变为电视标准信号，由监视器显示。这种扫描方式的优点是因信号叠加而使输出信噪比增加，降低了对探测器的要求。由于扫描周期没有改变，对光机扫描机构的要求没有改变。但是，串联扫描的突出优点是消除了多元探测器的不均匀性造成的输出图像缺陷。

串联扫描方式和并联扫描方式都采用了线阵多元探测器作为探测器件。

串并联扫描方式采用多元探测器面阵，只是面阵探测器数较少，不足以覆盖所要求的景物像素行列数。为了得到一幅完整的景物图像，须采用串并联扫描方式。它属于并扫与串扫结合的方式。由于存在串扫，所以各景物像素的输出信号需经 TDI 叠加后产生；由于存在并扫，所以光机扫描器每行扫一次，需经多路传输与行序转换电路将所扫各行像素，按行序输出。串并联扫描方式兼有串联和并联两种扫描方式的优点：其信噪比更高，其行扫描周期也较长。但多元探测器是面阵，结构比较复杂，探测器数目较多。

三种工作方式都提高了信噪比，改善了性能，使热成像技术取得了更高的实际应用价值，至今许多国家都仍用这种方式投入生产热成像系统装备部队。

2. 第二代与第三代热成像技术

由于热成像技术在夜视、防空、制导、高空遥感等方面发挥了很大作用，以及军事上要求武器系统远距、高速、机动、智能，并在恶劣气候条件下应用，对红外成像系统的性能要求越来越高，要求它具有高灵敏度、高空间分辨力、高可靠性、大视场，并低成本，为此，许多国家都在大力发展红外焦平面器件。第二代与第三代热成像技术就是采用以 $4N$（如 $4×288$）器件为代表的小规模红外焦平面器件和凝视式大规模红外焦平面器件，结合大规模集成技术、信号处理技术、计算机技术等现代高新技术的高性能系统技术。

如果红外焦平面器件规模足够大，被观察景物全部成像于红外焦平面器件，探测器单元观察景物的像素分辨力足够高，就可以取消光机扫描，成为"凝视"系统。"凝视"是指在工作过程中，各探测器单元经过长时间响应景物辐射后用极短时间读出信息。可以看出，凝视型工作的最大优点是不需要光机扫描，使整个红外成像系统结构更简单、体积更小、耗电更少、重量更轻、价格更便宜。然而，在某些对作用距离和视场要求很高的场合，目前制作的红外焦平面器件还难于达到"凝视"型工作要求水平，其红外系统仍然需以扫描方式工作。

纵观红外技术的发展，总是以探测器为主导，因为探测器是取得传感红外辐射的基本器件。所以可以说，红外技术发展史就是红外探测器和红外材料的发展史。

红外辐射的军用大气窗口主要是中波（MWIR）$3 ~ 5 \mu m$ 和长波（LWIR）$8 ~ 14 \mu m$。

中波波段（MWIR）的红外材料主要有碲镉汞（MCT）、锑化铟（InSb）和硅化铂（PtSi）等，是国外投资最大、研究最多的。PtSi 肖特基势垒凝视 MWIR

焦平面是近年来已可批量生产的单片红外焦平面阵列器件，虽然量子效率很低，但均匀性极好，不需校正就可以获得良好的红外图像，NETD（噪声等效温差）为0.1K。日本红外工作不多，但由于硅工艺成熟，PtSi 肖特基势垒凝视 MWIR 焦平面却十分先进，已报道的较大规模的阵列像元数为 1040×1040 元。我国也研制了 128×128 元、256×256 元、512×512 元等各种规模的凝视型 PtSi 焦平面器件。InSb 光伏混成式 MWIR 焦平面由于其量子效率高也很受重视，已报道批量生产了 128×128 元的 InSb 焦平面器件，其 D 大于 $4×10^{11}$（$cm·Hz^{1/2}·W^{-1}$），以及用它制作的摄像机每秒可摄 1000 帧，温度分辨率为 0.01K。近来还发展了 256×256 元阵列。我国也已研制了 32×32 元、64×64 元的 InSb 焦平面阵列，获得了清晰的热图像。MCY（MWIR）红外焦平面始终受到国外的高度重视，是发展的方向。美国罗克韦尔公司展出过 256×256 元 Mer MWIR 焦平面阵列，NETD 为 0.1K，也展有 512×512 元阵列。1996 年交付美军单兵的"轻标枪"反坦克红外成像制导导弹中就采用 64×64 元 MCT MWIR 焦平面阵列。英国的 128×128 元 MCT MWIR 焦平面阵列，NETD 为 0.015K。法国的 128×128 元 MCT MWIR 焦平面阵列，NETD 为 0.012K。

长波波段（LWIR）的红外材料研究重点仍是碲镉汞（MCT）。有混成、单片和 PV、MIS 各种方案，但还都不成熟，主要问题是缺陷多、均匀性差。美、英、法都有 64×64 元、128×128 元的报道；美国桑巴巴拉中心在向 480×640 元发展；日本政府在支持 64×64 元 LWIR MCT 焦平面阵列的研制。我国已经研制了 128×1 元线阵 LWIR MCT 阵列，D 为 $3×10^{10}$（$cm·Hz^{1/2}·W^{-1}$）。

在进行红外焦平面阵列研究的同时也都开展了配套技术（如制冷技术等）的研究和热成像通用组件计划，目前我国也已经进行过有关焦汤致冷和斯特林制冷系统的研制。今后可以结合应用开展稳定工艺、改善均匀性，以及发展热成像通用组件等工作。

扩大阵列尺寸和增加像元数的研究是 InSb、HgCdTe 焦平面阵列当前发展的一个新动向。美国雷西昂公司就一直在致力于大型 InSb 焦平面阵列的研究开发。该公司于 1999 年的下半年展示了它的第 1 个 2052×2052 元大型 InSb 焦平面阵列制品，该阵列的输出是以往 1024×1024 元阵列的 4 倍。它将首先被用于天文观察。美国罗克韦尔公司进行的是大型 HgCdTe 焦平面阵列的研究开发，研制的工作波段为 0.9~2.5μm 近红外 2000×2000 元 HgCdTe 大型焦平面阵列。该阵列在 60K 时灵敏度最高，暗电流小于 0.1 电子/秒，读出噪声小于 2.5 电子，用于目前的超级望远镜中能获得与哈勃空间望远镜相近的红外图像质量。此外，该公司还为美国国家航空航天局于 2008 年发射的新一代太空望远镜研制了 4000×4000 元大规模 HgCdTe 焦平面阵列，频谱灵敏范围将从 2.5μm 扩至 5μm，经优化后用于传统成像时其灵敏度高达 0.005K。

美国从 1992 年年初开始，决定采用法国苏法拉蒂公司的 288×4 元阵列改装其 AN/TAS 系列一代热像仪，并且用新的电子组件取代原来的电子组件，同时还设计了新的成像光学系统。改装后的 AN/TAS 系列一代热像仪，通过演示表明，其探测和识别目标的距离比原来的 AN/TAS-4A 远，产生的视频图像质量很高。用苏法拉蒂公司的 288×4 元阵列探测器改装目前武器系统中使用的一代热像仪，可使武器系统的性能进一步提高。

瑞典阿格玛公司采用先进的光学系统、扫描器组件、模数转换器和专用软件等，研制出 THV1000 型智能前视红外装置，其性能超过部队现用的前视红外装置。该装置采用的光学系统由一个场透镜、两个柱面透镜和一个聚焦透镜组成，可形成图像的变化比，使 SPRITE 探测器的性能最佳化，能为水平和垂直方向提供相同的几何分辨率，消除来自壳体的杂散光。采用的扫描器组件是一种被称为 LK-4 的新的多面体反射扫描组件，其探测性能几乎是普通扫描系统的 3 倍，且明显优于采用焦平面阵列系统所能达到的性能。这种扫描器组件还可安装在其他红外系统中。

另外，近年来，非制冷凝视红外焦平面阵列在国外已取得了突破性的进展。245×328 元规模的热释电型红外焦平面，其 NETD 已达到 0.05K，240×320 元 VO_2 辐射热计（bolometer）型红外焦平面的 NETD 也已达 0.05K。这两类焦平面都已有产品，因在室温下工作，用它组成的热像仪可与手掌相比。同时，国外还在发展铁电薄膜型非制冷红外焦平面。

5.2　红外成像的采样模式

5.2.1　常规模式

红外成像装置是以遥感扫描仪的原理为基础而制成的。这种扫描仪按一定速率，在与飞行器运动成正交的方向上产生连续的扫描线。红外辐射计的视场通过旋转反射镜扫描，使对地面的行扫描垂直于飞行器的飞行轨迹。扫描速率是可调的，因而当飞行器朝前飞时，连续的扫描线是相接的或叠加的。这样，旋转反射镜提供正交于飞行路径的扫描运动，而飞行器的运动则推进扫描线。

红外多光谱扫描仪分系统是"资源一号"卫星的主要有效载荷之一。红外多光谱扫描仪在工作时，首先经扫描仪主体内的线性摆动扫描装置将来自地物目标的可见光及红外波段的光谱信息共四个谱段同时引入光学系统，在探测器上进行光电转换，经前置放大器预处理，再经主放大器多路传输器到红外编码器，按规定格式编码后送给红外数传分系统。

红外多光谱扫描仪分系统采用垂直于飞行方向的双向扫描方式成像。扫描仪主体的光机扫描系统包括：扫描装置、扫描线校正器（SLC）和扫描角监控器。其扫描装置的工作原理是通过扫描控制线路控制驱动电机使扫描镜往复摆动，实现扫描仪穿越卫星轨迹（与卫星飞行轨迹垂直）的扫描，达到扫描成像的目的。如图 5.3 所示。

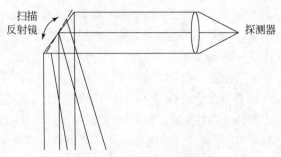

图 5.3　扫描工作原理简图

通过对红外相机成像机理及扫描仪光机扫描系统扫描装置工作原理的分析研究，利用加快探测器扫描频率或改变探测器主焦面阵列的方法，实现红外图像超模式采样。其一个谱段探测器在主焦平面阵列分布如图 5.4 所示。

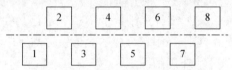

图 5.4　常规模式主焦平面阵列图

5.2.2　高模式

如图 5.5 所示的示意图，高模式采样是：在超模式的基础上，采样频率加快 1 倍，在垂直于卫星飞行方向，阵列间相差半个像元。经过地面图像重建，其空间分辨率提高到原来的 2 倍。

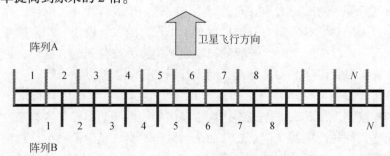

图 5.5　高模式示意图

高模式主焦平面阵列图和常规模式主焦平面阵列图完全一样，只是采样频率加快 1 倍。

5.2.3　超模式

经过深入的研究，我们提出了空间分辨率提高到准 2 倍的红外相机焦平面超模式方案，示意图如图 5.6 所示，焦平面图如图 5.7 所示，超模式排列为：所使用的原始采样时间和常规模式一样，其阵列在行、列方向上均相差半个像元。

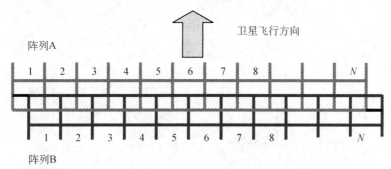

图 5.6　超模式示意图

图 5.7　超模式主焦平面阵列图

5.3　红外图像重建实验

5.3.1　Landweber 迭代法

1. 理想状况

（1）高模式
理想状况下高模式处理前后效果对比如图 5.8 所示。
（2）超模式
理想状况下超模式处理前后效果对比如图 5.9 所示。

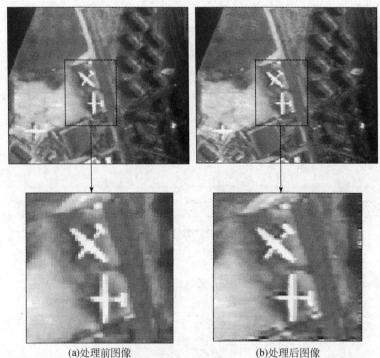

(a)处理前图像　　　　　　　　　　(b)处理后图像

图 5.8　理想状况下高模式处理前后效果对比图

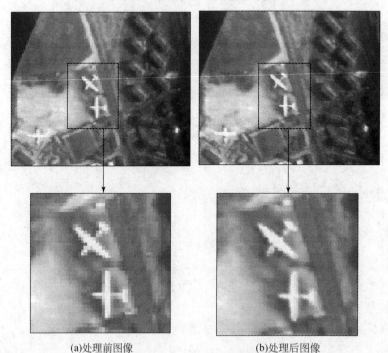

(a)处理前图像　　　　　　　　　　(b)处理后图像

图 5.9　理想状况下超模式处理前后效果对比图

2. 非理想状况

（1）高模式

非理想状况下高模式处理前后效果对比如图 5.10 所示。

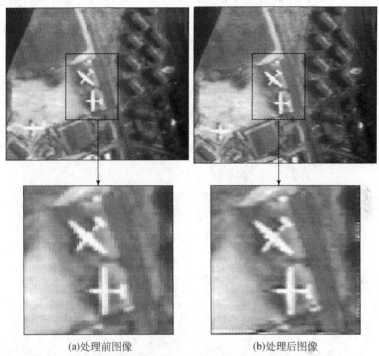

　　　　　(a)处理前图像　　　　　　　　　　(b)处理后图像

图 5.10　非理想状况下高模式处理前后效果对比图

（2）超模式

非理想状况下超模式处理前后效果对比如图 5.11 所示。

5.3.2　定差图像高分辨率重构法

1. 理想状况

（1）高模式

理想状况下高模式处理前后效果对比如图 5.12 所示。

（2）超模式

理想状况下超模式处理前后效果对比如图 5.13 所示。

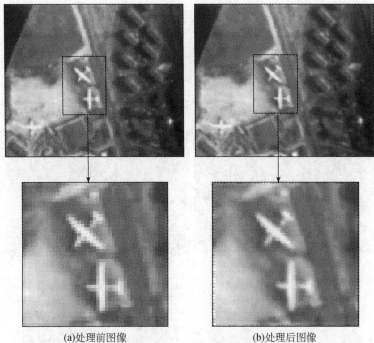

(a)处理前图像　　　　　(b)处理后图像

图 5.11　非理想状况下超模式处理前后效果对比图

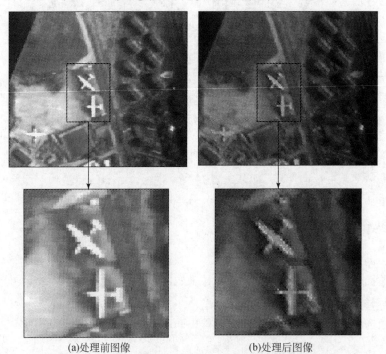

(a)处理前图像　　　　　(b)处理后图像

图 5.12　理想状况下高模式处理前后效果对比图

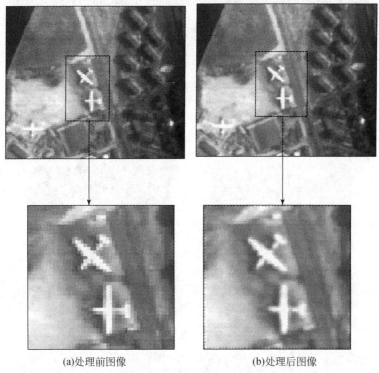

(a)处理前图像　　　　　　　　　　(b)处理后图像

图 5.13　理想状况下超模式处理前后效果对比图

2. 非理想状况

（1）高模式

非理想状况下高模式处理前后效果对比如图 5.14 所示。

（2）超模式

非理想状况下超模式处理前后效果对比如图 5.15 所示。

5.3.3　小波变换空间域插值法

1. 理想状况

（1）高模式

理想状况下高模式处理前后效果对比如图 5.16 所示。

（2）超模式

理想状况下超模式处理前后效果对比如图 5.17 所示。

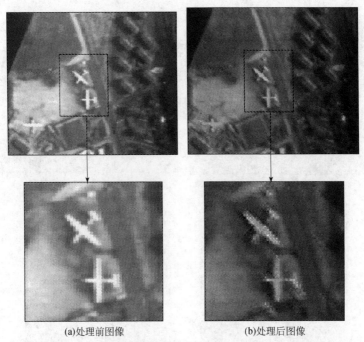

(a)处理前图像　　　　　　　　　　　(b)处理后图像

图 5.14　非理想状况下高模式处理前后效果对比图

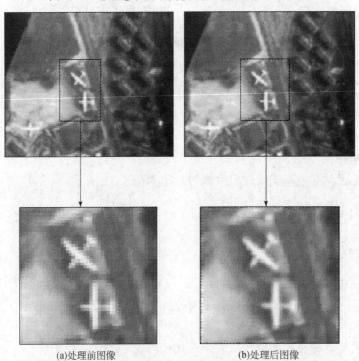

(a)处理前图像　　　　　　　　　　　(b)处理后图像

图 5.15　非理想状况下超模式处理前后效果对比图

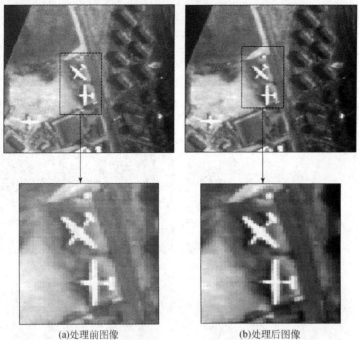

(a)处理前图像　　　　　　　　　　(b)处理后图像

图 5.16　理想状况下高模式处理前后效果对比图

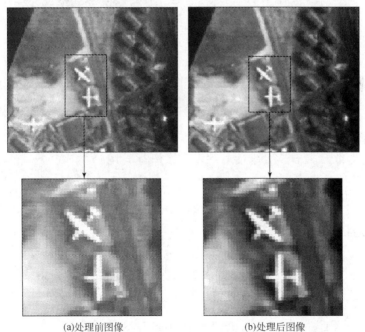

(a)处理前图像　　　　　　　　　　(b)处理后图像

图 5.17　理想状况下超模式处理前后效果对比图

2. 非理想状况

（1）高模式

非理想状况下高模式处理前后效果对比如图 5.18 所示。

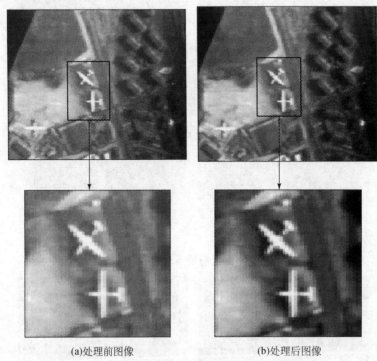

(a)处理前图像　　　　　　　　　(b)处理后图像

图 5.18　非理想状况下高模式处理前后效果对比图

（2）超模式

非理想状况下超模式处理前后效果对比如图 5.19 所示。

5.3.4　凸集投影变权迭代法

1. 理想状况

（1）高模式

理想状况下高模式处理前后效果对比如图 5.20 所示。

（2）超模式

理想状况下超模式处理前后效果对比如图 5.21 所示。

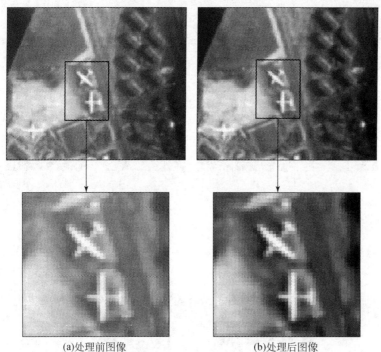

(a)处理前图像 (b)处理后图像

图 5.19 非理想状况下超模式处理前后效果对比图

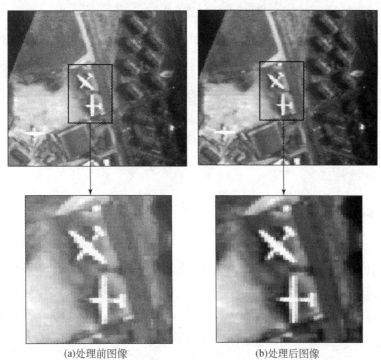

(a)处理前图像 (b)处理后图像

图 5.20 理想状况下高模式处理前后效果对比图

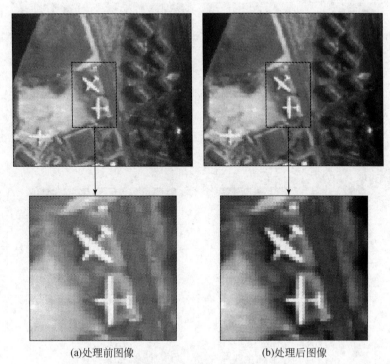

(a)处理前图像　　　　　　　　　(b)处理后图像

图 5.21　理想状况下超模式处理前后效果对比图

2. 非理想状况

（1）高模式
非理想状况下高模式处理前后效果对比如图 5.22 所示。
（2）超模式
非理想状况下超模式处理前后效果对比如图 5.23 所示。

5.3.5　频域解混叠算法

1. 理想状况

（1）高模式
理想状况下高模式处理前后效果对比如图 5.24 所示。
（2）超模式
理想状况下超模式处理前后效果对比如图 5.25 所示。

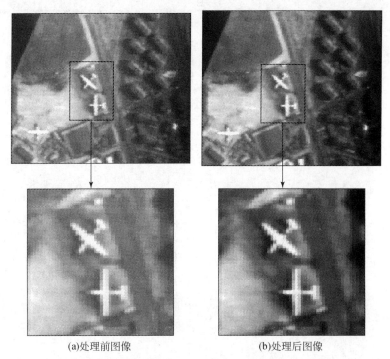

(a)处理前图像　　　　　　　　　　　(b)处理后图像

图 5.22　非理想状况下高模式处理前后效果对比图

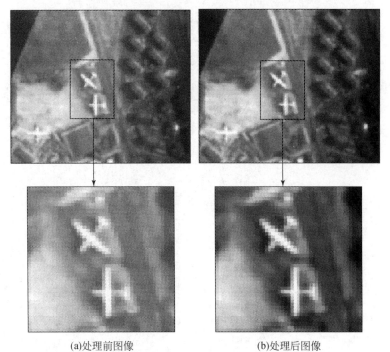

(a)处理前图像　　　　　　　　　　　(b)处理后图像

图 5.23　非理想状况下超模式处理前后效果对比图

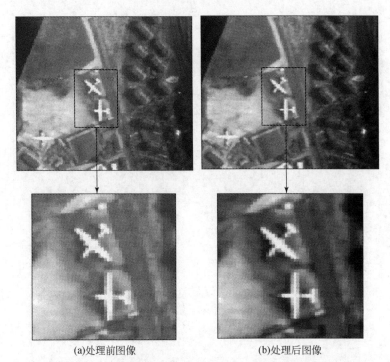

(a)处理前图像　　　　　　　　　　(b)处理后图像

图 5. 24　理想状况下高模式处理前后效果对比图

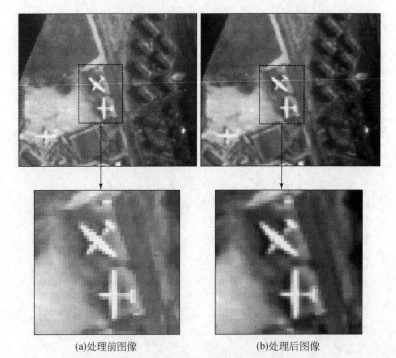

(a)处理前图像　　　　　　　　　　(b)处理后图像

图 5. 25　理想状况下超模式处理前后效果对比图

2. 非理想状况

（1）高模式

非理想状况下高模式处理前后效果对比如图 5.26 所示。

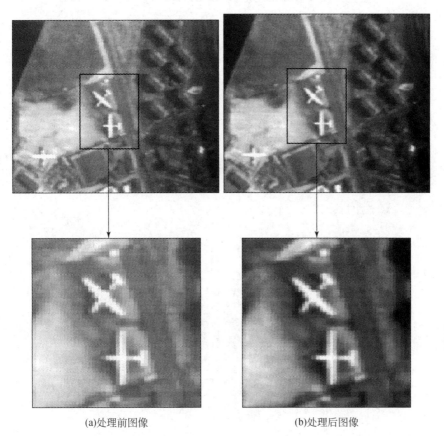

　　　　　(a)处理前图像　　　　　　　　　　　　(b)处理后图像

图 5.26　非理想状况下高模式处理前后效果对比图

（2）超模式

非理想状况下超模式处理前后效果对比如图 5.27 所示。

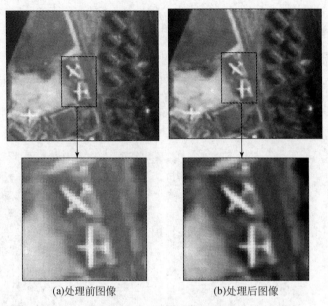

(a)处理前图像　　　　　　　　(b)处理后图像

图 5.27　非理想状况下超模式处理前后效果对比图

5.3.6　交叉插值法

1. 理想状况

理想状况下高模式处理前后效果对比如图 5.28 所示。

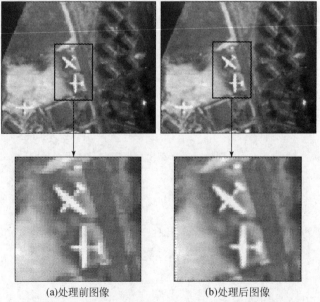

(a)处理前图像　　　　　　　　(b)处理后图像

图 5.28　理想状况下高模式处理前后效果对比图

2. 非理想状况

非理想状况下高模式处理前后效果对比如图 5.29 所示。

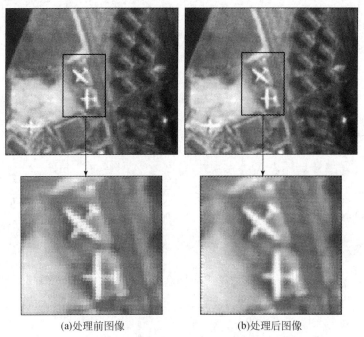

(a)处理前图像　　　　　　　　　(b)处理后图像

图 5.29　非理想状况下高模式处理前后效果对比图

5.3.7　各种提高图像空间分辨率数学模型的效果比较

应用模拟的低分辨率图像进行 Landweber 迭代法、定差图像高分辨率重构法、小波变换空间域插值法、凸集投影变权迭代法、频域解混叠法、交叉插值法等方法进行红外图像超分辨率研究，得到了多幅实验结果图像。但是，由于我们能够得到的红外图像的数据资源有限，而且受到实验图像自身质量的影响。因此，从总体上看，实验的效果不是非常理想，但仍能够从总体上客观地反映各种图像重建方法的特性，对各种数学模型进行效果比较。

1. Landweber 迭代法

不论是在理想状况下，还是在非理想状况下，应用 Landweber 迭代法，图像的分辨率有较明显的提高。其中，理想状况下高模式的效果最好。

2. 定差图像高分辨率重构法

不论是在理想状况下，还是在非理想状况下，应用定差图像高分辨率重构法，超模式图像的分辨率有较明显的提高，高模式的效果不太理想。

3. 小波变换空间域插值法

不论是在理想状况下，还是在非理想状况下，应用小波变换空间域插值法，图像的分辨率没有明显的提高。因此，应用该方法进行图像重建，实际效果不好。

4. 凸集投影变权迭代法

不论是在理想状况下，还是在非理想状况下，应用凸集投影变权迭代法，图像的分辨率没有明显的提高。因此，应用该方法进行图像重建，实际效果不好。

5. 频域解混叠法

不论是在理想状况下，还是在非理想状况下，应用频域解混叠法，图像的分辨率没有明显的提高。因此，应用该方法进行图像重建，实际效果不好。

6. 交叉插值法

不论是在理想状况下，还是在非理想状况下，应用均值插值法和混合中值插值法，图像的分辨率有较明显的提高。特别是在高模式及理想状况下超模式采样时，图像的分辨率提高更为明显。

总之，Landweber 迭代法和定差图像高分辨率重构法对图像的分辨率有较明显的提高。同样，交叉插值法对图像的分辨率也有较明显的提高。但是，应用小波变换空间域插值法、凸集投影变权迭代法、频域解混叠法三种方法，图像的分辨率没有明显的提高，实际效果不太好。数学模型效果比较实验的部分结果图像如图 5.30 所示。

(a)理想状况下高模式　　　　(b)理想状况下超模式　　　　(c)Landweber迭代法理想状况
处理前图像　　　　　　　　处理前图像　　　　　　　　下高模式处理后图像

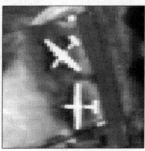
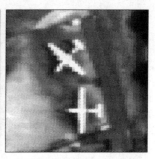

(d)定差图像高分辨率重构法理
想状况下超模式处理后图像

(e)小波变换空间域插值法理想
状况下高模式处理后图像

(f)凸集投影变权迭代法理想
状况下高模式处理后图像

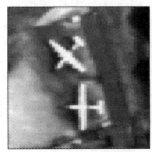
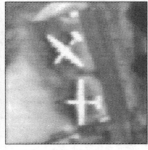
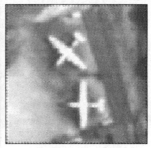

(g)频域解混叠法理想状况下
高模式处理后图像

(h)交叉插值法非理想状况下
高模式处理后图像

(i)交叉插值法理想状况下
超模式处理后图像

图 5.30　数学模型效果比较实验的部分结果图像

第6章 可见光图像超分辨率评价

6.1 可见光图像超分辨率方法评价体系

可见光图像超分辨率评价利用主观评价方法确定分辨率提高程度，利用客观评价方法确定图像在超分辨率前后质量变化情况，同时从人工操作和计算机处理两个方面对处理速度进行测试，最终对超分辨率技术从分辨率、图像质量和处理速度三个方面给出综合性的评价。可见光图像超分辨率方法评价体系如图 6.1 所示。

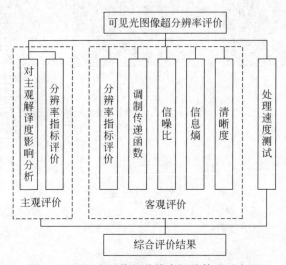

图 6.1　可见光图像超分辨率评价体系示意图

6.2 可见光图像超分辨率主观评价方法

充分借鉴我国在可见光图像质量评价方面多年积累的经验和技术，针对可见光图像超分辨率评价的特点，研究了基于序列图像的分辨率主观评价方法，建立了一套可见光图像超分辨率主观评价的规范和流程。

主观评价方法就是让观察者根据一些事先规定的评价尺度或自己的经验，对测试图像按视觉效果提出质量判断，并给出质量分数，对所有观察者给出的分数进行加权平均，所得的结果即为图像的主观质量评价。

6.2.1 评价设计

1. 测评人员

在测评人员的选择上主要是选择有经验的图像判读人员，但为了保证对图像进行评价的准确性，在对靶标图像进行评价时，也使用一些一般的判读人员，这样也是避免判读人员过去的学习经验对评价的效果有所影响。

1）人员的组成：由训练有素的专业判读人员和少量从事图像处理工作的非专业人员组成。

2）人员的数量：14 人（专业判读人员 10 人，其他人员 4 人）。

3）打分的独立性：每个判读人员均独立进行主观评价工作，互不干扰。

2. 测评图像

对于可见光图像，主要通过靶标图像和典型目标样本图像的序列仿真图像来对超分辨率结果进行判定。

3. 测试环境

测试工作站 1 台，具体配置要求如下：

1）Dell Precision T5400。

2）CPU：双 CPU，Intel（R）Xeon（R）5430 4 核 2.66GHz（64 位）。

3）显卡：支持双显示器 1GB 显存。

4）内存：16GB。

5）显示器：24″宽屏平面 LCD 显示器。

6）硬盘：2TB SATA（7200RPM）Hard Disk Drive。

4. 图像处理

1）对原始图像进行序列图像仿真。

2）选择待评测的超分辨率方法，对仿真后的低分辨率图像进行超分辨率重建。

5. 图像制作

对系列数字图像在同一时间、使用同一台机器和同一批像纸，技术参数设定一致的情况下进行制作，保证图像质量的一致。

6.2.2　主观判读

1. 分辨率变化评价

（1）靶标图像

对靶标图像直接判断图像分辨率的变化，并对超分辨率方法的方向特性做出评价。

（2）目标图像

比较待评价图像与序列仿真图像中的分辨率，得出待评价图像的分辨率评价结果。

2. 图像质量变化评价

评分等级采用 5 档，满分为 100 分，最低分为 0 分，每档分值与相应像质要求如下：

第 1 档，90 ~ 100 分：超分辨率结果图像与原始图像相比图像的解译能力大幅度增强，可以识别出原图无法识别的目标。

第 2 档，80 ~ 89 分：超分辨率结果图像与原始图像相比图像的解译能力增强，可以发现原图无法发现的目标。

第 3 档，60 ~ 79 分：超分辨率结果图像与原始图像相比图像的解译能力有所增强，但在目标的发现和识别率上差别不大。

第 4 档，40 ~ 59 分：超分辨率结果图像与原始图像相比图像的解译能力减弱，部分原来可以识别的目标无法识别。

第 5 档，40 分以下：超分辨率结果图像与原始图像相比图像的解译能力严重减弱，部分原来可以发现的目标无法发现。

6.2.3　数据统计分析

让每一判读人员进行图像判读，填写主观评价结果见表 6.1。独立的单个数据并不能提供多少信息，因此需要对判读人员所做出的评价结果进行分析，得到一些定量的统计数值对标准进行评价。

设总体分辨率变化为 ∂R，水平方向分辨率变化为 ∂R_{h}，垂直方向分辨率变化为 ∂R_{v}，两个对角线方向分辨率变化为 ∂R_{d1} 和 ∂R_{d2}，则有

$$\partial R = \frac{\sqrt{\partial R_{\mathrm{h}}^2 \partial R_{\mathrm{v}}^2} + \sqrt{\partial R_{\mathrm{d1}}^2 \partial R_{\mathrm{d2}}^2}}{2} \tag{6.1}$$

表 6.1　主观评价结果

判读人员姓名	方法名称					
图像序号	分辨率评价					质量变化
	水平方向分辨率变化	垂直方向分辨率变化	对角线方向1分辨率变化	对角线方向2分辨率变化	分辨率变化总体评价	
1						
2						
3						
4						
5						
6						
7						
8						
9						
10						
平均						

为了检验所得到的评价结果是否满足合理、有效，需要对判读人员得到的评价结果进行统计。在去除错误结果时，采用去掉最大、最小两个极值，得到剔除了不正确判读结果的数据集后，计算均值，结果如表 6.2 所示。均值 V 的计算方法为

$$V= \left(V_1+V_2+V_3+\cdots+V_N \right) /N \tag{6.2}$$

式中，N 为正确的判读数；而 V_1，V_2，$\cdots$，V_N 则是每个判读人员得到的正确判读数。

表 6.2　判读人员主观评价汇总表

判读人员序号	分辨率变化总体评价	质量变化
1		
2		
3		
4		
5		
6		
7		
8		
9		
10		
判读结果		

6.3　可见光图像超分辨率客观评价方法

可见光图像超分辨率客观评价方法是希望通过与图像序列进行相似性比对以确定图像分辨率的方法，关键问题之一是如何确定度量图像的相似性，相似性度量方法的好坏直接影响到图像分辨率评价的准确与否。本研究采用两种多尺度相似性度量方法，即小波域结构相似度和小波域灰度相似度两种方法对图像进行多尺度分解，计算每个图像层上的相关系数，最后加权平均得到相似性系数。试验结果表明：小波域结构相似度方法可以客观评价图像空间分辨率提高的程度；而小波域灰度相似度方法不能客观评价图像空间分辨率提高的程度。

为了找到可以客观评价图像空间分辨率提高程度的其他参数，我们开展了大量的实验，研究了信噪比（SNR）、均值、标准差、信息熵、清晰度等参数和图像分辨率的关系，结果表明，这些参数和图像分辨率没有线性关系，它们的大小无法衡量分辨率大小的变化。

经过理论分析和实际图像研究，我们认为调制传递函数（MTF）、信噪比（SNR）、信息熵、清晰度等参数物理含义明确，理论成熟，可以用来衡量进行超分辨率处理后，图像质量如何变化。

6.3.1　可见光图像客观评价方法参数选择

1. 小波域结构相似度

基于结构相似度的图像评价算法的重要意义在于提出一种新的评价框架，不再以传统意义上的逐像素误差作为度量指标，而是考虑图像结构的保持性，这对促进该领域的理论研究发挥了重要作用。然而，通过进一步研究发现：平均结构相似度（MSSIM）算法对于模糊图像以及噪声图像的评价效果欠佳，与主观视觉感受存在差异。事实上，相对于边缘失真，MSSIM算法对于平滑区域失真更为敏感，这一点反映在评价结果上即对模糊图像给出的评分值过高。

由于人类在观察和理解图像时主要依靠图像内在的各种边缘结构信息，如何更好地衡量边缘结构失真程度对图像质量评价是非常重要的。采用小波变换进行多分辨率分析，可以将图像分解为不同尺度下的子带图像，这样图像的边缘结构就表达成不同尺度下的小波系数。这里，主要利用水平边缘系数和垂直边缘系数，建立各尺度下的梯度结构信息。然后比较不同尺度下原始图像和失真图像间梯度信息的结构相似度，最后再根据人类视觉系统（HVS）对不同频带的敏感程度进行加权，从而获得更符合主观视觉感受的评价结果。下面给出该算法的计算过程。

将原始图像和失真图像分别进行 N 级小波分解（$N=5$），选择采用 Antonni 的 9/7 带小波。分解以后得到低频子带信息 $S(k, l)$ 和各个尺度下边缘子带图像集合 $\{W_{2j}, pf(k, l), W_{2j}, nf(k, l)\}$。其中 $W_{2j}, pf(k, l)$ 和 $W_{2j}, nf(k, l)$ 分别表示该尺度上水平和垂直边缘子带图像，然后定义边缘梯度幅值为 $G_{2j}(k, l) = \sqrt{|W_{2j}, pf(k, l)|^2 + |W_{2j}, nf(k, l)|^2}$。令 $G_{2j,x}$ 和 $G_{2j,y}$ 分别表示各个尺度下原始图像和失真图像的梯度信息，那么相应尺度 j 上的梯度信息的平均结构相似度记为 $\mathrm{QGSSIM}(G_{2j,x}, G_{2j,y})$ $(j=1, 2\cdots, N)$，低频子带结构相似度则记为 $\mathrm{QLSSIM}(S_x, S_y)$。利用对比度敏感函数（CSF）的非线性带通特性，对于不同尺度上的空间频带的结构相似度进行加权，加权值为相应频带内 CSF 曲线的平均值。由于采用 5 级小波分解，因此整个频带划分为 6 个，根据 CSF 特性曲线对应取 6 个加权值。

另外，部分超分辨率技术存在明显的方向性，即在不同的方向上，超分辨率的效果存在较大差异。通过小波变换提取图像的水平分量、垂直分量和对角分量，并分别评价在不同分量上的超分辨率效果，从而可以对超分辨率技术的方向特性进行量化和准确的分析。

2. 小波域灰度相似度

本研究提出的通过与图像序列进行相似性比对以确定图像分辨率的方法的另一个关键问题之一是如何确定度量图像的相似性。相似性度量方法的好坏直接影响到图像分辨率评价的准确与否。本书采用多尺度相似性度量方法，该方法的原理是利用小波对图像进行多尺度分解，计算每个图像层上的相关系数，最后加权平均得到相似性系数。

设拟比对的两幅图像分别为 f_o、f_n，选择下面的表达式来表示相似度：

$$S = \frac{1}{E} \sum_{jk} \frac{(\sigma^j_{onjk})^2}{\sigma^j_{ojk}\sigma^j_{njk}} E^i_{jk}, \ 1 \leqslant j \leqslant 2^j, \ 1 \leqslant k \leqslant 2^i \tag{6.3}$$

其中：

$$\sigma^j_{onjk} = \sqrt{\frac{1}{X \times Y - 1} \sum_x^X \sum_y^Y [w^i_o(x, y) - \overline{w}^i_o(x, y)] \times [w^i_n(x, y) - \overline{w}^i_n(x, y)]}$$

$$\sigma^j_{ojk} = \sqrt{\frac{1}{X \times Y - 1} \sum_x^X \sum_y^Y [w^i_o(x, y) - \overline{w}^i_o(x, y)]^2}$$

$$\sigma^j_{njk} = \sqrt{\frac{1}{X \times Y - 1} \sum_x^X \sum_y^Y [w^i_n(x, y) - \overline{w}^i_n(x, y)]^2}$$

$$E^i_{jk} = \sum_x^X \sum_y^Y [w^j_o(x, y)]^2, \ E = \sum_{jk} E^i_{jk}$$

$$x = \frac{M}{2^j}(j-1) \, , \quad y = \frac{N}{2^i}(k-1)$$

$$X = \frac{M}{2^i}j \, , \quad Y = \frac{N}{2^i}k$$

式中，$\sigma^{j2}_{onjk}/\sigma^{j}_{ojk}\sigma^{j}_{njk}$ 为对图像 f_o 和 f_n 进行第 i 级小波变换所得到的小波系数的相关系数，相关系数代表在该级上小波系数形态的相似程度；E^i_{jk} 为原始图像 f_o 在第 i 级小波分解中各个方向的能量；E 为原始图像 f_o 的总能量。

和小波域结构相似度相比，没有考虑到几何结构因素的影响。

3. 相关系数

重建后结果影像与原始高分辨率影像之间的相关系数，反映了重建结果影像与原始高分辨率影像的相似性。理想情况下，该指数应接近于 1。

$$\text{Cor} = \frac{\frac{1}{mn}\sum_{i=1}^{m}\sum_{j=1}^{n}\left[E(i,j)-M_E\right] \cdot \left[F(i,j)-M_F\right]}{\text{Std}V_E * \text{Std}V_F} \tag{6.4}$$

式中，$E(i,j)$ 为原始图像；M_E 为其均值；$F(i,j)$ 为结果图像；M_F 为其均值；$\text{Std}V_E$ 和 $\text{Std}V_F$ 分别为原始图像及结果图像的标准差。

重建结果影像与理想高空间分辨率影像高通滤波结果之间的相关系数（FCor），从整体上反映两者在边缘、纹理细节等高频信息的相似性。高通滤波器采用如下的 Laplacian 算子模板，由此模板对影像进行卷积完成滤波。

$$\begin{bmatrix} -1 & -1 & -1 \\ -1 & 8 & -1 \\ -1 & -1 & -1 \end{bmatrix}$$

4. 均值

这里是指影像灰度值的均值，反映影像的整体亮度水平。理想情况下，重建结果影像与理想高分辨率影像的均值应大致相同。

$$M = \frac{1}{mn}\sum_{i=1}^{m}\sum_{j=1}^{n}I(i,j) \tag{6.5}$$

式中，n、m 为图像行列数。

5. 标准差

标准差反映影像灰度值分布的离散程度，在某种程度上，标准差也可用来评价影像反差的大小。若标准差大，则图像灰度级分布分散，图像的反差大，可以看出更多的信息。标准差小，图像反差小，对比度不大，色调单一均匀，看不出太多的信息。理想情况下，重建结果影像和理想高分辨率影像的标准差大致相同。

$$\mathrm{Std}V = \sqrt{\frac{1}{mn} \sum_{i=1}^{m} \sum_{j=1}^{n} \left[I(i, j) - M \right]^2} \tag{6.6}$$

6. 清晰度

清晰度是敏感反映图像对微小细节反差表达的能力，其计算公式为

$$g = \frac{1}{(M-1)(N-1)} \sum_{i,j=1}^{(M-1)(N-1)} \sqrt{\left[\left(\frac{\partial f(x, y)}{\partial x} \right)^2 + \left(\frac{\partial f(x, y)}{\partial y} \right)^2 \right]} \tag{6.7}$$

即

$$g = \frac{1}{(M-1)(N-1)} \sum_{i,j=1}^{(M-1)(N-1)} \sqrt{\left[f(i+1, j) - f(i, j) \right]^2 + \left[f(i, j+1) - f(i, j) \right]^2} \tag{6.8}$$

一般说来，g 越大，图像越清晰（g 越大，图像变化频率和变化率越大）。

7. 信息熵

根据熵的定义可以计算图像熵，图像熵表征了图像的宏观统计特征。如果对图像进行局部计算熵可以获得图像的局部熵，局部熵描述了图像的局部特性。由于 Shannon 定义的熵是信息论中关于信息量的度量，不是专门为图像处理而定义的，因此，直接引用 Shannon 的熵的概念到图像中来还有一些缺陷。例如，熵不能反映图像中的细节，包括几何形态、像素在空间分布的状态等。但就反映图像的信息丰富程度而言，它在图像处理中有着重要的意义。

一幅大小为 $M \times N$ 的图像的熵值可以定义为

$$p_{ij} = \frac{f(i, j)}{\sum_{i=1}^{M} \sum_{j=1}^{N} f(i, j)} \tag{6.9}$$

$$H = - \sum_{i=1}^{M} \sum_{j=1}^{N} p_{ij} \log_2 p_{ij} \tag{6.10}$$

式中，$f(i, j)$ 为图像中点 (i, j) 处的灰度；p_{ij} 为点 (i, j) 处的灰度分布概率；H 为该图像的熵。

8. 信噪比（SNR）

信噪比（SNR）是指在一定光照条件下（如规定的入瞳辐亮度），相机输出信号 V_s 和随机噪声均方根电压 V_n 的比值。

在辐射能量传输和光电转换过程中不可避免地受到各种随机因素的干扰，这些干扰表现为各种类型的噪声，主要包括光子散粒噪声、暗电流散粒噪声、读出噪声、热噪声、放大器噪声及 $1/f$ 噪声等。这些噪声成为限制辐射探测精度的主要原因，所以人们习惯采用信噪比（SNR）作为衡量相机辐射探测性能的重要指

标。上述噪声中除了放大器噪声和$1/f$噪声外其他都属于探测器噪声，所以探测器是图像噪声的主要来源。

9. 偏差指数

相对偏差 D_r 是融合图像各个像素灰度值与源图像相应像素灰度值差的绝对值与同源图像相应像素灰度值之比的平均值，有时也被称为偏差度，其表达式为

$$D_r = \frac{1}{MN} \sum_{i=1}^{M} \sum_{j=1}^{N} \frac{|F(x_i, y_j) - A(x_i, y_j)|}{A(x_i, y_j)} \tag{6.11}$$

相对偏差值的大小表示融合图像与源图像平均灰度值的相对差异，它用来反映融合图像与源图像在光谱信息上的匹配程度和将源高空间分辨率图像的细节传递给融合图像的能力。

6.3.2　实验步骤

具体步骤如下：

1）将一幅高分辨率可见光图像 $E(x, y)$ 进行图像仿真，分别生成不同分辨率的低分辨率图像序列：$I_1(x, y)$，$I_2(x, y)$，…，$I_n(x, y)$。

2）将重建结果图像 $F(x, y)$ 与序列仿真图像进行比较，计算图像之间的相似度、相关系数、信噪比（SNR）、均值、标准差、信息熵、清晰度等参数。

3）通过一定数量的实验，确定这些参数能不能客观评价图像空间分辨率提高的程度。

6.3.3　实验结果

1. 小波域结构相似度方法可以度量分辨率的变化

对靶标图像、一般地物图像等 14 幅图像进行实验，分别计算超分辨率重建图像与仿真图像序列之间的小波域结构相似度系数，试验结果如图 6.2 ~ 图 6.15 所示（横坐标为图像序分辨率倍数，分辨率从低到高；纵坐标为小波域结构相似度系数差）。可以看出，图像的分辨率大小与小波域结构相似度系数存在特定的关系，可以度量图像分辨率的变化。

可以得出结论：小波域结构相似度方法可以度量分辨率的变化。

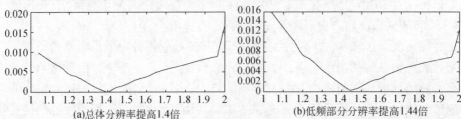

(a)总体分辨率提高1.4倍　　　　　　　(b)低频部分分辨率提高1.44倍

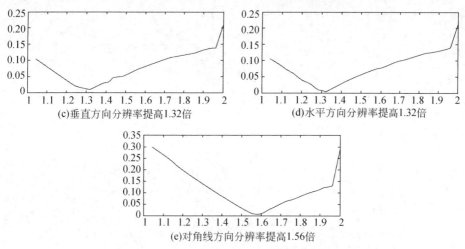

(c)垂直方向分辨率提高1.32倍　　　　(d)水平方向分辨率提高1.32倍

(e)对角线方向分辨率提高1.56倍

图 6.2　小波域结构相似度方法试验结果 1

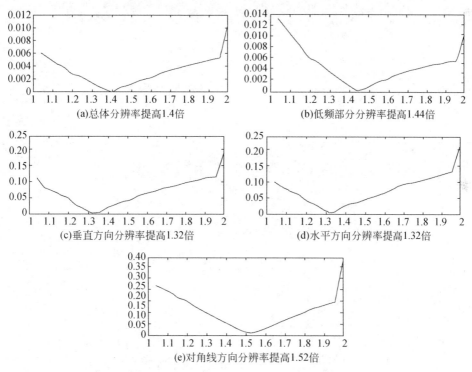

(a)总体分辨率提高1.4倍　　　　(b)低频部分分辨率提高1.44倍

(c)垂直方向分辨率提高1.32倍　　　　(d)水平方向分辨率提高1.32倍

(e)对角线方向分辨率提高1.52倍

图 6.3　小波域结构相似度方法试验结果 2

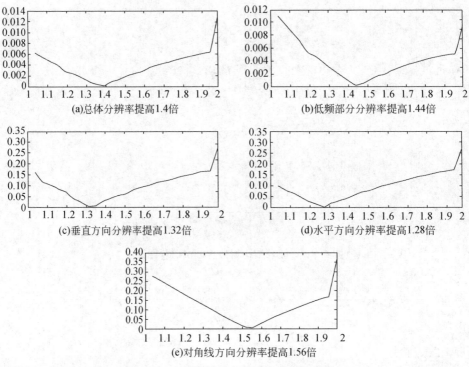

(a)总体分辨率提高1.4倍

(b)低频部分分辨率提高1.44倍

(c)垂直方向分辨率提高1.32倍

(d)水平方向分辨率提高1.28倍

(e)对角线方向分辨率提高1.56倍

图6.4　小波域结构相似度方法试验结果3

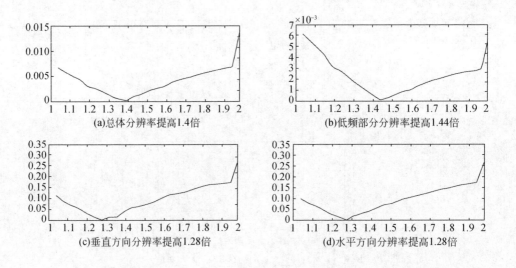

(a)总体分辨率提高1.4倍

(b)低频部分分辨率提高1.44倍

(c)垂直方向分辨率提高1.28倍

(d)水平方向分辨率提高1.28倍

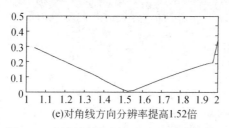

(e)对角线方向分辨率提高1.52倍

图 6.5　小波域结构相似度方法试验结果 4

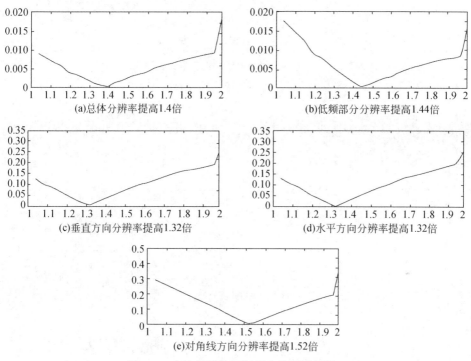

(a)总体分辨率提高1.4倍　　　　　　　　　(b)低频部分分辨率提高1.44倍

(c)垂直方向分辨率提高1.32倍　　　　　　　(d)水平方向分辨率提高1.32倍

(e)对角线方向分辨率提高1.52倍

图 6.6　小波域结构相似度方法试验结果 5

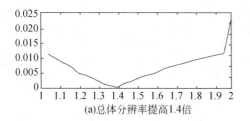

(a)总体分辨率提高1.4倍

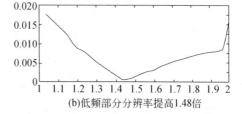

(b)低频部分分辨率提高1.48倍

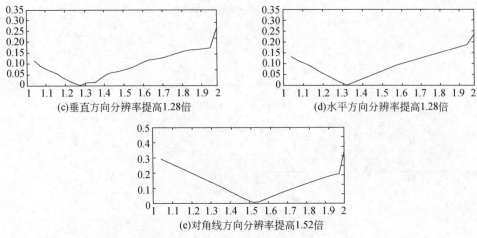

(c)垂直方向分辨率提高1.28倍

(d)水平方向分辨率提高1.28倍

(e)对角线方向分辨率提高1.52倍

图 6.7　小波域结构相似度方法试验结果 6

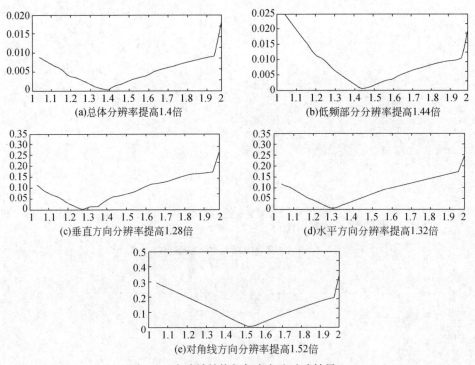

(a)总体分辨率提高1.4倍

(b)低频部分分辨率提高1.44倍

(c)垂直方向分辨率提高1.28倍

(d)水平方向分辨率提高1.32倍

(e)对角线方向分辨率提高1.52倍

图 6.8　小波域结构相似度方法试验结果 7

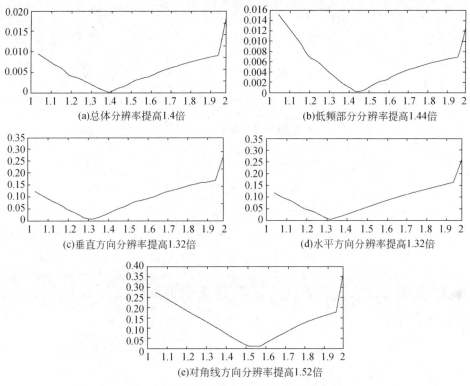

(a)总体分辨率提高1.4倍

(b)低频部分分辨率提高1.44倍

(c)垂直方向分辨率提高1.32倍

(d)水平方向分辨率提高1.32倍

(e)对角线方向分辨率提高1.52倍

图 6.9　小波域结构相似度方法试验结果 8

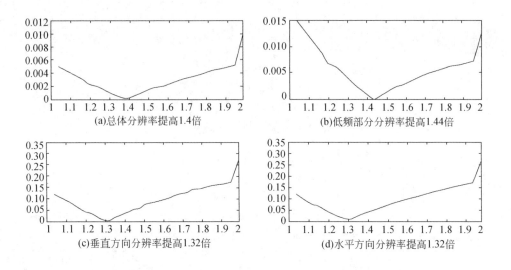

(a)总体分辨率提高1.4倍

(b)低频部分分辨率提高1.44倍

(c)垂直方向分辨率提高1.32倍

(d)水平方向分辨率提高1.32倍

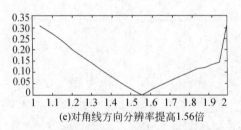

(e)对角线方向分辨率提高1.56倍

图6.10 小波域结构相似度方法试验结果9

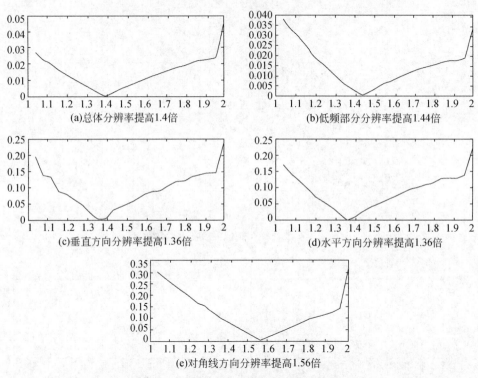

(a)总体分辨率提高1.4倍

(b)低频部分分辨率提高1.44倍

(c)垂直方向分辨率提高1.36倍

(d)水平方向分辨率提高1.36倍

(e)对角线方向分辨率提高1.56倍

图6.11 小波域结构相似度方法试验结果10

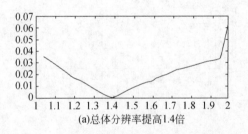

(a)总体分辨率提高1.4倍

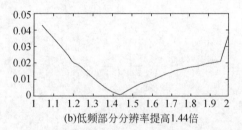

(b)低频部分分辨率提高1.44倍

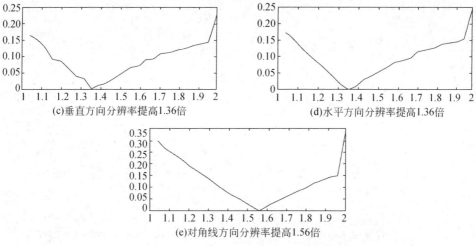

图 6.12　小波域结构相似度方法试验结果 11

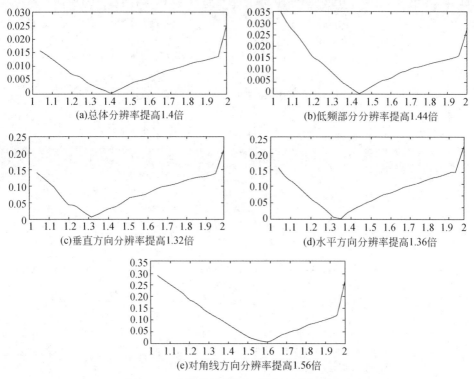

图 6.13　小波域结构相似度方法试验结果 12

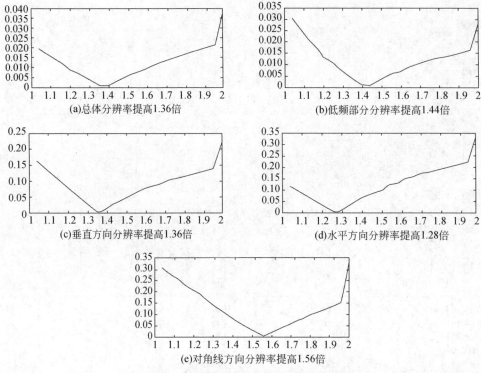

图 6.14   小波域结构相似度方法试验结果 13

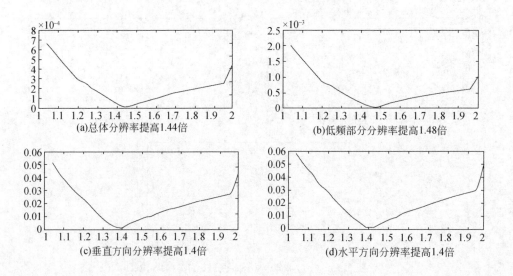

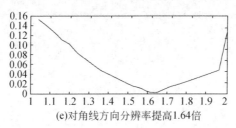

(e)对角线方向分辨率提高1.64倍

图 6.15　小波域结构相似度方法试验结果 14

2. 小波域灰度相似度方法不能度量分辨率的变化

对靶标图像、一般地物图像等 8 幅图像进行实验，分别计算超分辨率重建图像与仿真图像序列之间的小波域灰度相似度系数，试验结果如图 6.16 ~ 图 6.23 所示（横坐标为图像序列号，分辨率从高到低；纵坐标为小波域灰度相似度系数）。可以看出，图像的分辨率大小与相似度系数不存在特定的关系。

可以得出结论：小波域灰度相似度方法不能度量分辨率的变化。

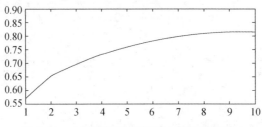

图 6.16　小波域灰度相似度方法试验结果 1

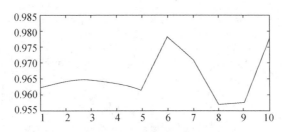

图 6.17　小波域灰度相似度方法试验结果 2

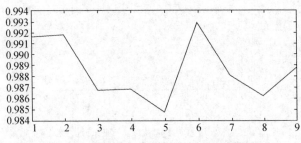

图 6.18　小波域灰度相似度方法试验结果 3

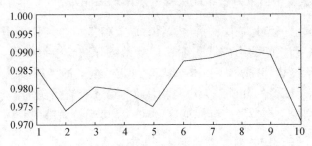

图 6.19　小波域灰度相似度方法试验结果 4

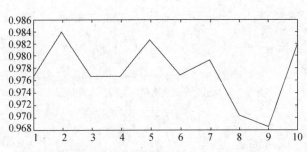

图 6.20　小波域灰度相似度方法试验结果 5

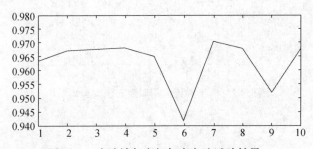

图 6.21　小波域灰度相似度方法试验结果 6

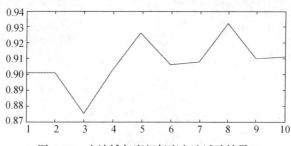

图 6.22　小波域灰度相似度方法试验结果 7

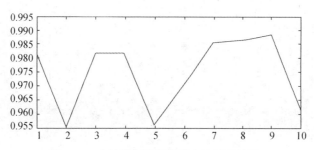

图 6.23　小波域灰度相似度方法试验结果 8

3. 相关系数方法不能度量分辨率的变化

对半岛图像、城市图像、港口图像、公园图像、纪念碑图像、桥梁图像和城市郊外图像 7 幅图像进行实验，分别计算超分辨率重建图像与仿真图像序列之间的相关系数，试验结果如图 6.24～图 6.30 所示（横坐标为图像序列号，分辨率从高到低；纵坐标为相关系数）。可以看出，图像的分辨率大小与相关系数不存在特定的关系。

可以得出结论：相关系数方法不能度量分辨率的变化。

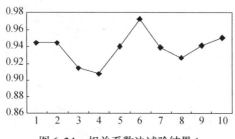

图 6.24　相关系数法试验结果 1

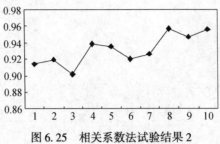

图 6.25　相关系数法试验结果 2

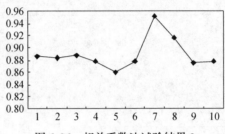

图 6.26　相关系数法试验结果 3

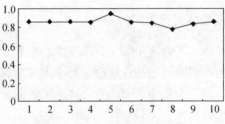

图 6.27　相关系数法试验结果 4

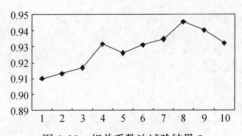

图 6.28　相关系数法试验结果 5

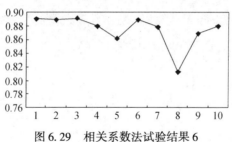

图 6.29　相关系数法试验结果 6

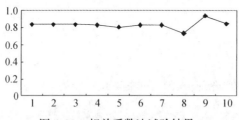

图 6.30　相关系数法试验结果 7

4. 均值方法不能度量分辨率的变化

对半岛图像、城市图像、港口图像、公园图像、纪念碑图像、桥梁图像和城市郊外图像 7 幅图像进行实验，分别计算超分辨率重建图像与仿真图像序列之间的均值差，试验结果如图 6.31 ~ 图 6.37 所示（横坐标为图像序列号，分辨率从高到低；纵坐标为均值差）。可以看出，图像的分辨率大小与均值不存在特定的关系。

可以得出结论：均值方法不能度量分辨率的变化。

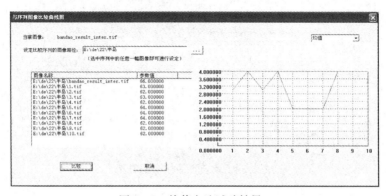

图 6.31　均值方法试验结果 1

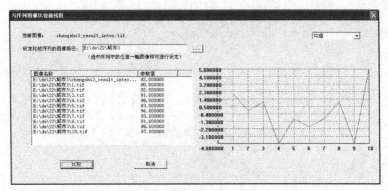

图 6.32　均值方法试验结果 2

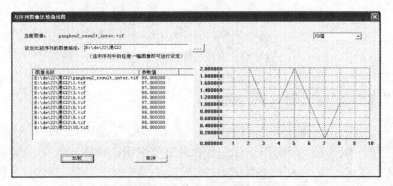

图 6.33　均值方法试验结果 3

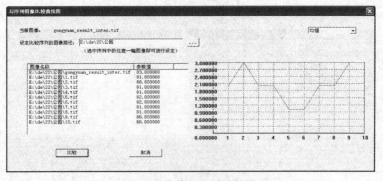

图 6.34　均值方法试验结果 4

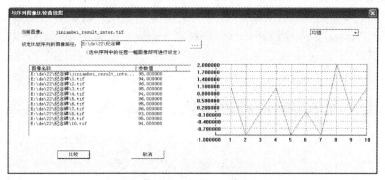

图 6.35　均值方法试验结果 5

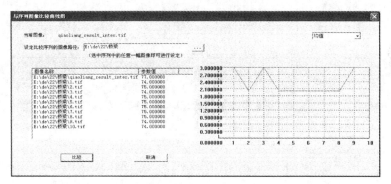

图 6.36　均值方法试验结果 6

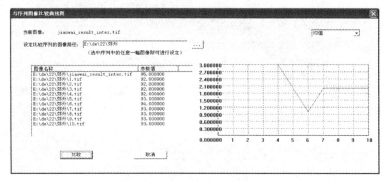

图 6.37　均值方法试验结果 7

5. 标准差方法不能度量分辨率的变化

对半岛图像、城市图像、港口图像、公园图像、纪念碑图像、桥梁图像和城市郊外图像 7 幅图像进行实验，分别计算超分辨率重建图像与仿真图像序列之间的标准差差，试验结果如图 6.38 ~ 图 6.44 所示（横坐标为图像序列号，分辨率从高到低；纵坐标为标准差差）。可以看出，图像的分辨率大小与标准差不存在特定的关系。

可以得出结论：标准差方法不能度量分辨率的变化。

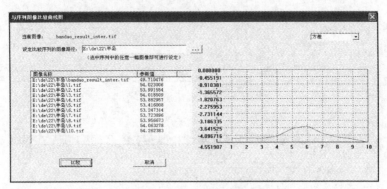

图 6.38　标准差方法试验结果 1

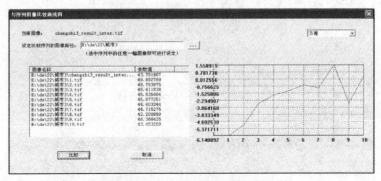

图 6.39　标准差方法试验结果 2

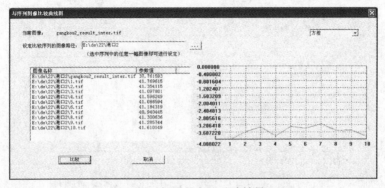

图 6.40　标准差方法试验结果 3

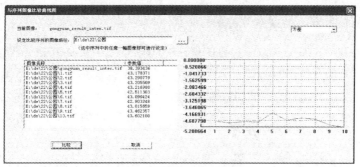

图 6.41　标准差方法试验结果 4

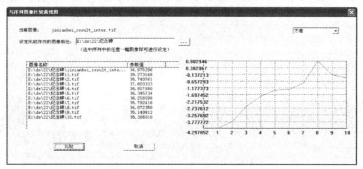

图 6.42　标准差方法试验结果 5

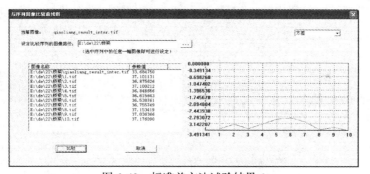

图 6.43　标准差方法试验结果 6

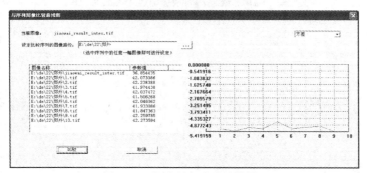

图 6.44　标准差方法试验结果 7

6. 清晰度方法不能度量分辨率的变化

对半岛图像、城市图像、港口图像、公园图像、纪念碑图像、桥梁图像和城市郊外图像 7 幅图像进行实验，分别计算超分辨率重建图像与仿真图像序列之间的清晰度差，试验结果如图 6.45～图 6.51 所示（横坐标为图像序列号，分辨率从高到低；纵坐标为清晰度差）。可以看出，图像的分辨率大小与清晰度不存在特定的关系。

可以得出结论：清晰度方法不能度量分辨率的变化。

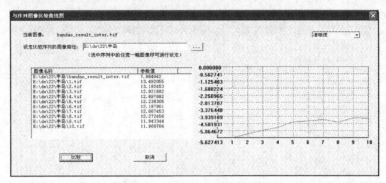

图 6.45　清晰度方法试验结果 1

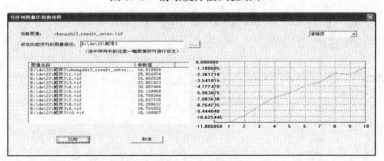

图 6.46　清晰度方法试验结果 2

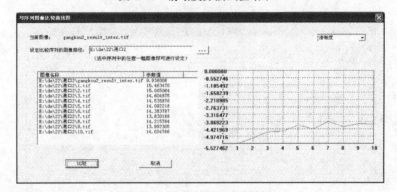

图 6.47　清晰度方法试验结果 3

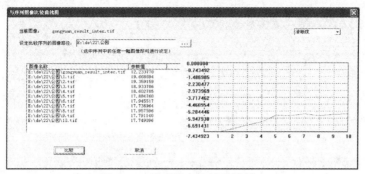

图 6.48　清晰度方法试验结果 4

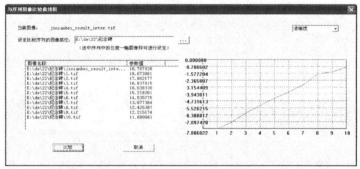

图 6.49　清晰度方法试验结果 5

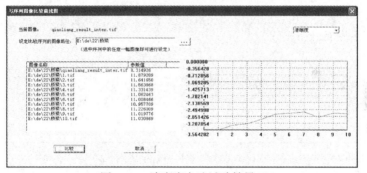

图 6.50　清晰度方法试验结果 6

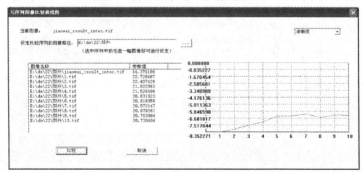

图 6.51　清晰度方法试验结果 7

7. 信息熵方法不能度量分辨率的变化

对半岛图像、城市图像、港口图像、公园图像、纪念碑图像、桥梁图像和城市郊外图像 7 幅图像进行实验，分别计算超分辨率重建图像与仿真图像序列之间的信息熵差，试验结果如图 6.52 ~ 图 6.58 所示（横坐标为图像序列号，分辨率从高到低；纵坐标为信息熵差）。可以看出，图像的分辨率大小与信息熵不存在特定的关系。

可以得出结论：信息熵方法不能度量分辨率的变化。

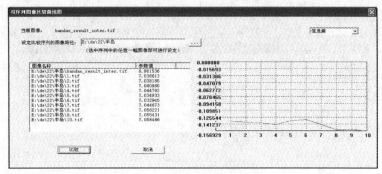

图 6.52　信息熵方法试验结果 1

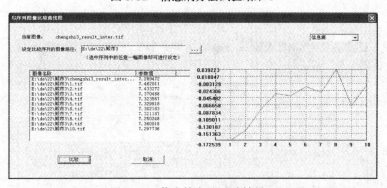

图 6.53　信息熵方法试验结果 2

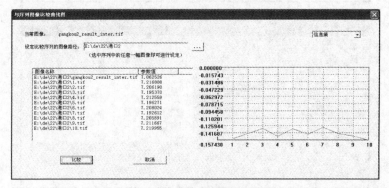

图 6.54　信息熵方法试验结果 3

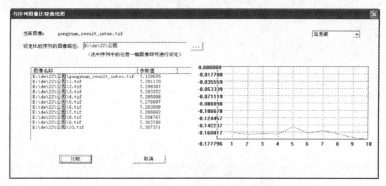

图 6.55　信息熵方法试验结果 4

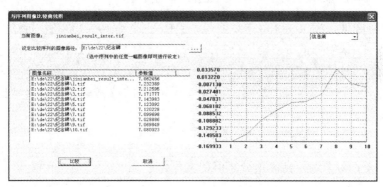

图 6.56　信息熵方法试验结果 5

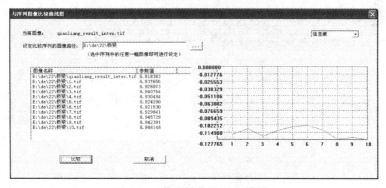

图 6.57　信息熵方法试验结果 6

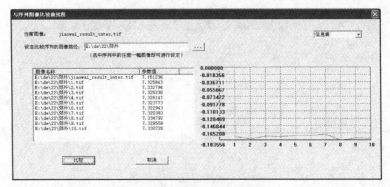

图 6.58　信息熵方法试验结果 7

8. 信噪比（SNR）方法不能度量分辨率的变化

对半岛图像、城市图像、港口图像、公园图像、纪念碑图像、桥梁图像和城市郊外图像 7 幅图像进行实验，分别计算超分辨率重建图像与仿真图像序列之间的信噪比差，试验结果如图 6.59～图 6.65 所示（横坐标为图像序列号，分辨率从高到低；纵坐标为信噪比差）。可以看出，图像的分辨率大小与信噪比不存在特定的关系。

可以得出结论：信噪比方法不能度量分辨率的变化。

9. 偏差指数方法不能度量分辨率的变化

对半岛图像、城市图像、港口图像、公园图像、纪念碑图像、桥梁图像和城市郊外图像 7 幅图像进行实验，分别计算超分辨率重建图像与仿真图像序列之间的偏差指数差，结果图 6.66～图 6.72 所示（横坐标为图像序列号，分辨率从高到低；纵坐标为偏差指数差）。可以看出，图像的分辨率大小与偏差指数不存在特定的关系。

可以得出结论：偏差指数方法不能度量分辨率的变化。

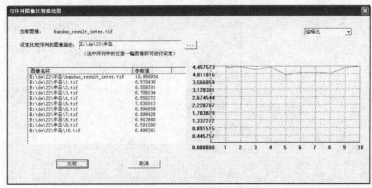

图 6.59　信噪比方法试验结果 1

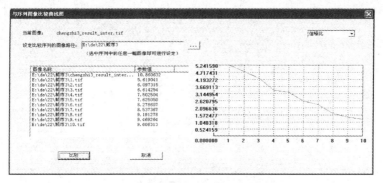

图 6.60　信噪比方法试验结果 2

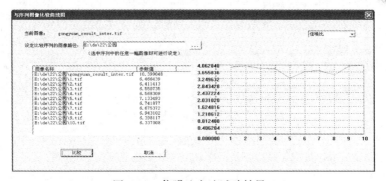

图 6.61　信噪比方法试验结果 3

图 6.62　信噪比方法试验结果 4

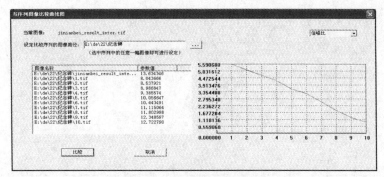

图 6.63　信噪比方法试验结果 5

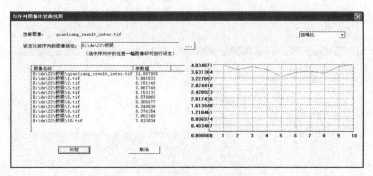

图 6.64　信噪比方法试验结果 6

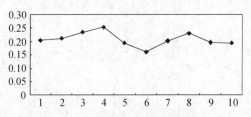

图 6.65　信噪比方法试验结果 7

图 6.66　偏差指数方法试验结果 1

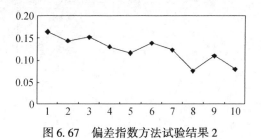

图 6.67　偏差指数方法试验结果 2

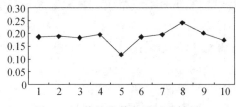

图 6.68　偏差指数方法试验结果 3

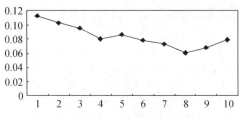

图 6.69　偏差指数方法试验结果 4

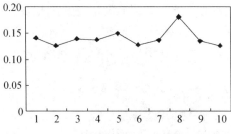

图 6.70　偏差指数方法试验结果 5

图 6.71　偏差指数方法试验结果 6

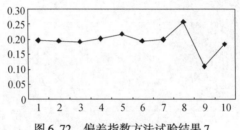

图 6.72　偏差指数方法试验结果 7

6.3.4　可见光图像质量客观评价

可见光图像质量客观评价主要通过对图像质量影响较大的指标进行计算，从而得出可见光图像质量变化的结论。超分辨率处理可能影响的图像质量指标包括调制传递函数、信噪比（SNR）、信息熵、清晰度等。

1. 评价设计

（1）测评人员

对可见光图像质量的客观评价对人员没有特殊要求，只需要熟悉评价软件。

（2）测评图像

待测图像为主观评价之后的结果图像。

（3）测试环境

1）可见光超分辨率评价软件。

2）测试工作站 1 台，配置要求如下：①型号，Dell Precision T5400；②CPU：双 CPU，Intel（R）Xeon（R）5430 4 核 2.66GHz（64 位）；③显卡：支持双显示器 1GB；④内存：16GB；⑤显示器：24″宽屏平面 LCD 显示器；⑥硬盘：3TB SATA（7200RPM）Hard Disk Drive。

2. 调制传递函数（MTF）

调制传递函数即成像系统输出信号的调制度与输入信号的调制度之比随空间频率变化的函数。光学传递函数已经成为成像质量分析和相机性能控制的主要因素。光学传递函数的概念一般只能用于描述线性和空间不变系统。虽然 CCD 成像器件是采样器件，严格来讲不满足线性不变条件。在研究调制传递函数时，通常在研究过程中主要关注截止频率为 Nyquist 频率的低通滤波器，可视为一个近似线性系统，就可以用传递函数的理论来处理 CCD 成像系统的成像质量。

调制传递函数是成像系统的综合性参数。图像清晰程度决定了判读人员发现和识别目标的准确性。在保证系统信噪比（SNR）的情况下，系统的 MTF 越高，成像质量越好，图像越清晰。我们关心的调制传递函数是经过整个成像链路的综合调制传递函数，它包括了大气的传输特性、平台的稳定性、运动情况、成像系统、数据传输等各个环节，各个影响环节引起的 MTF 可以按乘积的方式进行计算。推扫方向和 CCD 阵列方向图像 MTF 计算公式如下：

$$MTF_{推扫} = MTF_{大气} \times MTF_{相机} \times MTF_{运动} \times MTF_{像移} \times MTF_{振动} \times MTF_{热控}$$

$$MTF_{阵列} = MTF_{大气} \times MTF_{相机} \times MTF_{像移} \times MTF_{振动} \times MTF_{热控}$$

调制传递函数的测算主要利用傅里叶原理。一个非相干光照明或自发光的目标，经过光学系统在像面上形成影像。如果把这个目标物体分割成无数个点，那么每个物点经过成像系统后，都会在像面上形成一定光强分布的点扩展函数（PSF），把各个 PSF 叠加就构成了目标的像。

假设物面上某一小区域的光强分布为 $o(x, y)$，经过光学系统成像后，像面上得到相应像的光强分布为 $i(x', y')$。如果该系统某一视场的 PSF 具有相同的函数形式 $h(x, y)$，则 $o(x, y)$ 对应的像面分布 $i(x', y')$ 为

$$i(x', y') = \iint_{\sigma} h(x, y) \cdot o(x' - x, y' - y) \, dxdy \tag{6.12}$$

式（6.12）是一个卷积过程，说明像面光强分布是物光强分布与 PSF 的卷积。即

$$i(x', y') = h(x, y) \cdot o(x', y') \tag{6.13}$$

设 $i(x', y')$、$h(x, y)$ 及 $o(x, y)$ 的傅里叶变换分别为 $I(f_x, f_y)$、OTF(f_x, f_y) 和 $O(f_x, f_y)$，根据卷积定理：

$$I(f_x, f_y) = OTF(f_x, f_y) \cdot O(f_x, f_y) \tag{6.14}$$

下面利用式（6.14）的一维形式计算图像 MTF。

$$I(f) = OTF(f) \cdot O(f)$$

$$OTF(f) = \int_{-\infty}^{+\infty} LSF(x) \exp(-i2\pi f_x) \, dx \tag{6.15}$$

式中，LSF 是系统的线扩展函数。

一般情况下，OTF(f) 为复变函数，其形式为

$$OTF(f) = MTF(f) \cdot \exp\{-i[PTF(f)]\} \tag{6.16}$$

式中，MTF(f) 是 OTF(f) 的模，反映了各个频率正弦分量对比的变化；PTF(f) 是 OTF(f) 的幅角，反映了各个频率分量相位变化。设 OTF$_c(f)$ 为 $h(x)$ 的傅里叶余弦变换，OTF$_s(f)$ 为 $h(x)$ 的傅里叶正弦变换，则下面两式成立：

$$OTF_c(f) = \int_{-\infty}^{+\infty} h(x) \cos(2\pi f_x) \, dx$$

$$OTF_s(f) = \int_{-\infty}^{+\infty} h(x) \sin(2\pi f_x) \, dx$$

由于 MTF 为 OTF 的模，则有

$$OTF_c(f) = MTF(f) \cos[PTF(f)]$$

$$\mathrm{OTF}_s(f) = \mathrm{MTF}(f)\sin[\mathrm{PTF}(f)]$$

假设物体按一维正弦亮度分布：

$$o(x) = a + b\cos(2\pi f_x) \tag{6.17}$$

由式（6.12）可得

$$i(x') = \int_{-\infty}^{+\infty} h(x)o(x'-x)\mathrm{d}x \tag{6.18}$$

将式（6.17）代入式（6.18）得

$$i(x') = a\int_{-\infty}^{+\infty} h(x)\mathrm{d}x + b\int_{-\infty}^{+\infty} h(x)\cos[2\pi f(x'-x)]\mathrm{d}x \tag{6.19}$$

式中，$\int_{-\infty}^{+\infty} h(x)\mathrm{d}x$ 是物面上一无限窄亮线在像面上产生的能量总和，是由物面亮度和光学系统透过率等因素决定的与光学系统成像无关的常数，将其归一化得

$$\int_{-\infty}^{+\infty} h(x)\mathrm{d}x = 1$$

由式（6.19）可得

$$\begin{aligned}
i(x') &= a + b\int_{-\infty}^{+\infty} h(x)\cos[2\pi f(x'-x)]\mathrm{d}x \\
&= a + b\cos(2\pi f x')\mathrm{OTF}_c(f) + b\sin(2\pi f x')\mathrm{OTF}_s(f) \\
&= a + b\mathrm{MTF}(f)\cos[(2\pi f x') - \mathrm{PTF}(f)]
\end{aligned}$$

像的亮度分布与物的亮度分布在幅值上衰减了 MTF(f) 倍，而相位变化了 PTF(f)，因此用图像 MTF 可以表示出成像系统的成像质量。

由上述原理，只要知道了系统的 LSF（一维情况）或 PSF（二维情况），对其进行傅里叶变换就能够求出相应的图像 MTF。

1）求边缘扩展函数（ESF）。

从图像上选取刃边图像，要求刃边两侧区域的灰度值有一定差异，还要求每一个区域内的灰度比较均匀。选取好刃边图像后，读取刃边图像某一行各列的灰度值，用直线将相邻灰度值连接起来，即得到 ESF 曲线。

2）进行最小二乘拟合。

对上一步得到的 ESF 曲线分别进行微分，每条曲线中都会有一点的灰度值与其后相邻一点的灰度值有最大的差值，我们认为该点即是该条 ESF 曲线上的刃边点，每条 ESF 曲线将得到一个刃边点，多个刃边点相连即得到刃边直线。

我们认为实际地物的刃边近似是一条直线，因而图像上的刃边也应该是一条直线，但由于噪声等因素的影响，算法得到的刃边点可能不是位于一条直线上，某些刃边点可能会偏离刃边直线，这会导致后续计算 MTF 带来较大的误差。因此，需要对得到的多个刃边点进行最小二乘拟合，将所有刃边点拟合到一条直线上。

3）对各条 ESF 曲线进行三次样条插值并求平均 ESF 曲线。

对每条 ESF 曲线分别进行三次样条插值，可以使曲线更平滑，提高 MTF 计算精度。由于采样点的数量较少，由这些点连接而成的 ESF 曲线不平滑，它无法准确反映实际的 ESF 曲线（实际的 ESF 曲线应该是平滑连续的），对 ESF 曲线进行三次样条插值，可以使曲线更平滑，更接近实际的曲线，从而提高 MTF 计算精度。

对插值后的各条 ESF 曲线求平均值，得到一条平均 ESF 曲线，求平均的主要目的是削弱噪声的影响。在求平均时，要将各条 ESF 曲线以刃边点为基准进行对准，不同 ESF 曲线对应的像素点相加求平均，对准的精度取决于上一步中的刃边点定位精度。

4）对插值后的平均 ESF 曲线进行微分得到 LSF 曲线。

5）由 LSF 曲线得到 MTF 曲线。

对 LSF 曲线进行离散傅里叶变换，得到图像关于频率的 MTF 曲线。将求得的曲线进行归一化处理，得到归一化的 MTF 曲线。

图像质量评估所采用的 MTF 应该为 Nyquist 频率对应的 MTF 值。Nyquist 频率需要通过刃边采样点数量以及插值间隔设定的数值来确定。

3. 信噪比（SNR）

光学成像依赖于传感器接受目标的光谱响应来间接认识对象。随着传感仪器由单波段到多波段再到成像光谱仪，以及从低空间分辨率到高空间分辨率的发展，人们获得了地面目标越来越细致和精确的信息，极大地拓宽了人们对对象的研究能力。对各种遥感仪器的性能进行评价对于有效而正确地使用遥感数据是非常必要的，信噪比是衡量遥感仪器性能的一项重要指标。信噪比一般是指仪器信号与噪声信号强度的比值，有时也用等效噪声功率来衡量。信噪比决定了研究人员在多大的精度上可以利用地物光谱特征，达到识别地物的目的。

遥感图像的噪声分周期噪声和随机噪声。从其产生机理来说，包括仪器噪声、传输噪声、外界干扰噪声以及像元内的变化因素等引起的噪声。噪声视其与信号之间的相互关系可分为加性噪声与乘性噪声。噪声信号与地物覆盖类型有关，与波长的变化、仪器本身特性及大气吸收等都有密切的关系。人们一直致力于图像质量的改善研究，从空间域到变换域寻找有效的消除遥感影像噪声的方法。Nadine 采用等效噪声信号来衡量噪声，对 7 种遥感仪器 AVHRR、AVIRIS、ETM、HIRIS、MODIS-N、SPOT-1 HRV 和 TM 进行了对比研究。从图像本身来计算噪声是一种直接而有效的方法。

信噪比是指在一定光照条件下（如规定的入瞳辐亮度），相机输出信号 V_s 和随机噪声均方根电压 V_n 的比值，可以用比值表示，也可以用分贝表示。

在辐射能量传输和光电转换过程中不可避免地受到各种随机因素的干扰，这些干扰表现为各种类型的噪声，主要包括光子散粒噪声、暗电流散粒噪声、读出噪声、热噪声、放大器噪声及 $1/f$ 噪声等。这些噪声成为限制辐射探测精度的主要原因，所以人们习惯采用信噪比作为衡量相机辐射探测性能的重要指标。上述噪声中除了放大器噪声和 $1/f$ 噪声外其他都属于探测器噪声，所以探测器是图像噪声的主要来源。

常用的信噪比计算方法有刃边法、局部平均值与标准差法。

（1）刃边法

刃边法测量计算信噪比步骤如下：

1）计算暗边的平均 DN 值。

2）计算亮边的平均 DN 值。

3）计算亮暗边平均 DN 值的差。

4）计算暗边 DN 值的标准标准差。

5）计算亮边 DN 值的标准标准差。

6）计算亮暗边 DN 值的平均标准标准差。

7）计算信噪比。

$$SNR = \frac{\Delta DN}{(STD\_bright + STD\_dark)/2} \quad (6.20)$$

式中，ΔDN 为 DN 值的差；STD_bright 和 STD_dark 分别为亮边和暗边 DN 值的标准差。

（2）局部平均值与标准差法

利用局部平均值与标准差法计算信噪比的具体步骤如下：

1）求图像的平均值 M。

2）对图像进行分块（4×4、8×8 或 16×16），求局域均值与标准标准差。

3）求出局域标准标准差的最大值 STD_max。

4）计算信噪比。

$$SNR = \frac{M}{STD\_max} \quad (6.21)$$

这里主要采用第二种方法。

4. 信息熵

根据熵的定义可以计算图像熵，图像熵表征了图像的宏观统计特征。对图像的局部计算熵可以获得图像的局部熵，局部熵描述了图像的局部特性。由于 Shannon 定义的熵是信息论中关于信息量的度量，不是专门为图像处理而定义的，因此，直接引用 Shannon 的熵的概念到图像中来还有一些缺陷。例如，熵不能反映图像中的细节，包括几何形态、像素在空间分布的状态等。但就反映图像的信息丰富程度而言，它在图像处理中有着重要的意义。

一幅大小为 $M \times N$ 的图像的熵值可以定义为

$$p_{ij} = \frac{f(i, j)}{\sum\limits_{i=1}^{M} \sum\limits_{j=1}^{N} f(i, j)} \tag{6.22}$$

$$H = -\sum_{i=1}^{M} \sum_{j=1}^{N} p_{ij} \log_2 p_{ij} \tag{6.23}$$

式中，$f(i, j)$ 为图像中点 (i, j) 处的灰度；p_{ij} 为点 (i, j) 处的灰度分布概率；H 为该图像的熵。

5. 清晰度

清晰度是敏感反映图像对微小细节反差表达的能力，其计算公式为

$$g = \frac{1}{(M-1)(N-1)} \sum_{i, j=1}^{(M-1)(N-1)} \sqrt{\left[\left(\frac{\partial f(x, y)}{\partial x} \right)^2 + \left(\frac{\partial f(x, y)}{\partial y} \right)^2 \right]} \tag{6.24}$$

即

$$g = \frac{1}{(M-1)(N-1)} \sum_{i, j=1}^{(M-1)(N-1)} \sqrt{[f(i+1, j) - f(i, j)]^2 + [f(i, j+1) - f(i, j)]^2}$$
$$\tag{6.25}$$

式中，M、N 为图像行列数。

一般说来，g 越大，图像越清晰（g 越大，图像变化频率和变化率越大）。

6.4　可见光图像主客观综合评价方法

可见光图像超分辨率评价主要依靠主观评价和小波域结构相似度确定分辨率提高程度，同时利用客观评价方法确定图像在超分辨率前后质量变化情况，最终对超分辨率技术在分辨率、图像质量和工程化分析三个方面给出综合性的评价。

在图像试验中，我们采用了中值插值方法对两幅错开半个像元的图像进行了超分辨率处理。采用该方法的好处是，该方法的超分辨率指标是可以根据理论准确推断的，从而可以验证评价方法的准确度。经过评价试验，客观评价结果、主观评价结果和理论推断结果一致，从而可以证明该方法的有效性。

另外，在主观评价试验中，发现部分结果评价过高，与客观评价结果存在一定差距。针对这种现象，我们进行了大量的试验，并进行了分析：

1）首先对超分辨率算法原理进行了分析，发现该方法在对角线方向超分辨率效果明显，说明该方法具有明显的方向性。

2）然后采用小波分析的方法对不同方向上的超分辨率结果进行了分析，在

对角线方向上分辨率提高明显，与理论分析结果一致。

3）最后我们与负责主观判读试验的人员进行了讨论，证实了判读人员在选择目标时，重点关注了分辨率提高明显的目标，而这些目标多为对角线方向上的线性目标。

从而可以证明：本书提出的主客观评价方法是准确的，并且可以对超分辨率技术的方向特性进行分析。

第 7 章 SAR 图像超分辨率评价

7.1 SAR 图像超分辨率方法评价体系

SAR 图像超分辨率评价主要依靠主观评价确定对主观解译度的影响和工程化可行性分析，同时利用客观评价方法确定图像在超分辨率前后分辨率变化和质量变化情况，最终对超分辨率技术在分辨率、图像质量和工程化分析三个方面给出综合性的评价。SAR 图像超分辨率方法评价体系如图 7.1 所示。

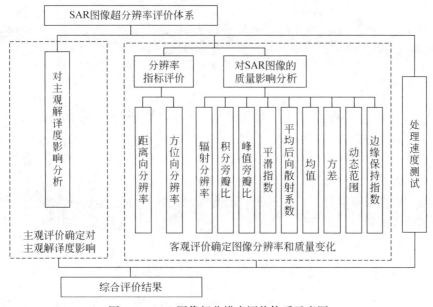

图 7.1 SAR 图像超分辨率评价体系示意图

7.2 SAR 图像超分辨率主观评价方法

SAR 图像分辨率主观评价主要有两种类型，一种是对摆放有不同距离角反射器对的定标场地的 SAR 图像进行判读；一种是把超分辨率处理后的图像与不同分辨率的图像进行对比判读。充分借鉴相关 SAR 图像质量评价的经验和技术，针对 SAR 超分辨率评价的特点，研究了基于点目标对的分辨率主观评价方法，建立了一套 SAR 图像超分辨率主观评价的规范和流程。

7.2.1　点目标对分辨率评估判读方法

选择若干名有经验的专业判读人员，分别独立地对图像进行判读，确认 SAR 可分辨相邻点目标的能力。根据判读结果，计算 SAR 图像中在一定的可区分概率时能区分的两相邻点目标对应地面上的最小距离，确定 SAR 在方位向和距离向的实际地面分辨率。

1. 测评人员

人员组成：由训练有素的专业判读人员和少量从事图像处理工作的非专业人员组成，以保证主观评分的客观性和全面性。

人员数量：判读人员的数量为 10 ~ 20 人，既能使主观评价分值充分接近真实的相邻两点目标分辨能力，又不至于人员过多难以实现。考虑分析方便，取为奇数。

测评独立性：每个判读人员均独立进行主观评价工作，互不干扰，以保证主观评价的独立性。

2. 测评图像

采用多幅点对图进行试验，每幅图像上的点对沿方位向或距离向摆放，不同点对的点间距略有不同。

每幅图应对应于一文本文件，记录图中每对点的点间距和波谷值。点的编号为左上角起始，先行后竖。

测评图像要具有独立性：一幅图像测评完成后，再进行下一幅图像的测评，不提供两幅图像的比对测评。为不造成判读人员的主观暗示性，图像判读的顺序按照先方位向后距离向、先小间距后大间距进行。

3. 判读结果统计及分析

对每个点对，若半数以上的判读人员认为能够区分开，则判为能够区分开。若半数以上的判读人员认为不能区分开，则判为不能区分开。

将主观判读的统计结果进行列表统计，将半数以上判读人员认为能够区分开的点对所对应的分辨率作为图像的分辨率。

7.2.2　不同分辨率序列图像对比判读方法

选择若干名有经验的专业判读人员，把不同分辨率的图像序列的分辨率作为一种标准，分别独立地把超分辨率处理后的图像与不同分辨率的图像序列进行对比判读，判断出图像序列中与超分辨率处理后的图像的分辨率最接近的一幅图像，则认为选出的图像分辨率就是超分辨率处理后的图像的分辨率。

1. 测评人员

人员组成：由训练有素的专业判读人员和少量从事图像处理工作的非专业人员组成，以保证主观评分的客观性和全面性。

人员数量：判读人员的数量为 10～20 人。考虑分析方便，取为奇数。

测评独立性：每个判读人员均独立进行主观评价工作，互不干扰，以保证主观评价的独立性。

2. 测评图像

采用多组不同分辨率的图像判读序列进行判读，每组图像具有相同的目标背景，选择的目标背景能够比较好地反映该图像序列的分辨率，不同组的图像序列的目标背景应该不同。

测评图像要具有独立性：每幅图应对应于一文本文件，记录判读结果。一幅图像测评完成后，再进行下一幅图像的测评，不提供两幅图像的比对测评。为不造成判读人员的主观暗示性，图像判读的顺序按照先方位向后距离向。

3. 判读结果统计及分析

对每组图像，分辨率由高到低，将半数以上的判读人员认为相近图像的分辨率，作为该组图像的判读结果。

多组图像的判读结果的平均值作为最终的判读结果。

7.3　SAR 图像超分辨率客观评价方法

7.3.1　SAR 图像超分辨率评价参数

1. 空间分辨率

空间分辨率作为超分辨率重建图像最重要的指标，已经在 1.1.3 节专门分析，这里不再赘述。

2. 基于点目标的超分辨率评价参数

（1）峰值旁瓣比（PSLR）

峰值旁瓣比是点目标冲激响应最高旁瓣峰值与主瓣峰值的比值，一般以分贝度量，数学表示式为

$$PSLR = 10\lg \frac{P_{smax}}{P_m} \tag{7.1}$$

式中，P_{smax} 为冲激响应（IRF）的最高旁瓣峰值；P_m 为冲激响应的主瓣峰值。

PSLR 是表征星载 SAR 系统抑制相邻强目标"掩盖"弱小目标的能力，或表征对弱小目标的检测能力，它可以分为距离向峰值旁瓣比（$PSLR_r$）和方位向峰值旁瓣比（$PSLR_a$）。

（2）积分旁瓣比（ISLR）

积分旁瓣比是点目标冲激响应旁瓣能量与主瓣能量的比值，一般以分贝度量，数学表示式为

$$ISLR = 10\lg \frac{E_s}{E_m} \tag{7.2}$$

式中，E_s 和 E_m 分别为冲激响应（IRF）的旁瓣能量和主瓣能量。ISLR 表征局部较暗区域（弱信号）被来自周围的明亮区域（强信号）信号能量"混入"所"淹没"的程度，或表征相邻面目标引入图像变形的能力。

与 PSLR 一样，有距离向积分旁瓣比（$ISLR_r$）和方位向积分旁瓣比（$ISLR_a$）之分。

1）距离向积分旁瓣比 $ISLR_r$：

$$ISLR_r = 10\lg \frac{E_{sr}}{E_{mr}}$$

$$E_{mr} = \int_a^b |h_r(\tau)|^2 d\tau \tag{7.3}$$

$$E_{sr} = \int_{-\infty}^a |h_r(\tau)|^2 d\tau + \int_b^\infty |h_r(\tau)|^2 d\tau$$

2）方位向积分旁瓣比 $ISLR_a$：

$$ISLR_a = 10\lg \frac{E_{sa}}{E_{ma}}$$

$$E_{ma} = \int_c^d |h_a(t)|^2 dt \tag{7.4}$$

$$E_{sa} = \int_{-\infty}^c |h_a(t)|^2 dt + \int_d^\infty |h_a(t)|^2 dt$$

式中，a、b 和 c、d 分别为距离向和方位向主瓣和旁瓣的交点，(a, b) 和 (c, d) 内为主瓣，$(-\infty, a) \cup (b, \infty)$ 和 $(-\infty, c) \cup (d, \infty)$ 内为旁瓣。由于加权、噪声和非线性等因素，实际冲激响应的主瓣和旁瓣（即第一零点）交点不为零，难于测量，第一零点之间的宽度取 −3dB 主瓣宽度的 2 倍作为主瓣和旁瓣交点的位置。E_{sr} 和 E_{mr} 为距离向的积分旁瓣比；E_{sa} 和 E_{ma} 为方位向的积分旁瓣比。

3. 基于面目标的超分辨率评价参数

SAR 图像上的面目标（或称分布目标）是指许多具有相同后向散射特性的

像元组成的图像区域。为了评价超分辨率算法保持图像特征的能力，应从以下几个方面去评价。

（1）辐射分辨率

辐射分辨率衡量 SAR 系统灰度级分辨能力的量度，定量表示了 SAR 系统区分目标后向散射系统的能力。辐射分辨率的大小由消除斑点噪声的多少直接决定。辐射分辨率反映的是在雷达图像中所能区分的两个目标的微波反射率之间的最小差值的能力，该指标的好坏直接影响 SAR 图像的判读和定量化应用。为改善图像的整体质量，通常采用斑点噪声抑制技术来获取图像辐射分辨率的提高。与其他雷达一样，只有雷达接收机的输出信噪比足够高，才能识别出目标。星载 SAR 辐射分辨率定义为

$$\gamma = 10\lg\left(\frac{\sigma}{\mu} + 1\right) \tag{7.5}$$

式中，μ 为图像均值；σ 为标准偏差。

（2）平滑指数

平滑指数表示滤波前后各类像元的均值与标准偏差之比。它表征图像的平滑度。平滑指数值越高，图像越平滑。

$$SI = \frac{\mu}{\sigma} \tag{7.6}$$

式中，μ 为图像均值；σ 为标准偏差。

（3）平均后向散射系数

$$\delta_\mu = 10\lg\frac{\mu_F}{\mu_o} \tag{7.7}$$

式中，μ_o 与 μ_F 分别为超分辨率处理前后图像的均值。

（4）均值

一般情况下，如果地形、含水量（复介电常数）和表面粗糙程度不同，则会有不同的后向散射系数，反映到 SAR 图像中就有不同的图像均值。图像区域中的地形差异大，人工目标多，图像的灰度值变化大，对应图像的方差变化也就越大。

图像均值是整个图像的平均强度，它反映了图像的平均灰度，即图像所包含目标的平均后向散射系数。超分辨率处理前后均值应保持不变。

（5）方差

图像方差代表了图像区域中所有点偏离均值的程度，反映了图像的不均匀性。在保持均值不变的前提下，相对标准差越小，越有利于 SAR 图像的后续应用。

（6）动态范围

图像的动态范围反映了图像区域地面目标对雷达信号反射的差异，指图像最大值（I_{max}）和最小值（I_{min}）之比。

$$D = 10\lg\frac{I_{max}}{I_{min}} \tag{7.8}$$

SAR 图像的动态范围与很多因素有关。地面场景的地形、天线波束入射角等对图像的动态范围均有较大的影响。

4. 基于线目标的超分辨率评价参数

图像的边缘保持指数是衡量算法对图像边缘保持程度的重要指标，表征超分辨技术对边界的保持能力，分为水平边缘保持指数和垂直边缘保持指数。边缘保持指数越高，边缘保持能力越高。

$$\text{ESI} = \frac{\sum\limits_{i=1}^{N} |\text{DNR}_1 - \text{DNR}_2|_{超分辨率后}}{\sum\limits_{i=1}^{N} |\text{DNR}_1 - \text{DNR}_2|_{超分辨率前}} \tag{7.9}$$

式中，N 为图像像元个数；DNR_1 与 DNR_2 为沿边缘交接处左右或上下互邻像元的灰度值。

5. 超分辨率处理前后图像质量指标评价参数

按照上面的参数计算方法，可以计算单幅 SAR 图像的质量指标。而超分辨率处理前后图像质量指标评价，则计算参数的倍数变化。

分辨率改善系数为超分辨率处理前图像分辨率和处理后图像分辨率之比，分辨率改善系数可分为距离向和方位向分辨率改善系数，它反映了超分辨率处理方法对分辨率提高的程度，是衡量超分辨率处理方法的主要指标。分辨率改善系数可表示为

$$f_e = \frac{\rho_0}{\rho} \tag{7.10}$$

式中，ρ_0、ρ 分别为超分辨率处理前图像分辨率和处理后图像分辨率。

7.3.2　基于点目标的 SAR 图像超分辨率评价

1. 基于插值的 SAR 图像质量指标计算

在实际应用中，空间分辨率定义为点目标冲激响应半功率点处的宽度，或点目标冲激响应的 3dB 宽度。

SAR 图像产品由于数据量的限制，像元宽度相对较大，直接计算分辨率、峰值旁瓣比和积分旁瓣比误差很大，必须在计算上述指标前进行插值运算。而且插值的精度要求非常高，否则计算出来的指标误差比较大。

基于插值的点目标指标计算，由人工选择点目标所在区域，程序自动在人工选定区域内寻找最大点；并以最大点为中心确定 $N \times N$ 区域，N 的值可以由用户输入，默认值为 16。

分辨率计算基于频域插值后的图像进行，频域插值算法有两种，一种是基本

频域插值算法，可以由用户输入设置插值倍数 M；另一种是改进的频域插值算法，可以由用户输入设置二维 FFT 插值倍数 M_1、单向插值倍数 M_2 以及多行计算时所用的行数 L。

基于插值的点目标指标评价总体流程图如图 7.2 所示。

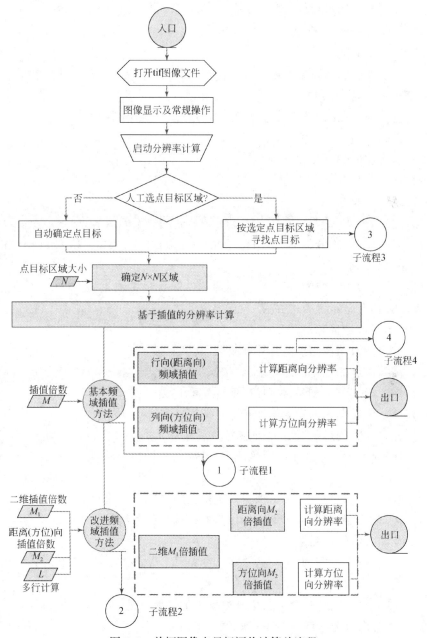

图 7.2　单幅图像点目标评价计算总流程

2. SAR 图像频域插值算法

（1）基本频域插值算法

1）输出复数图像，插值运算在复数图像上进行（目前输入为实数图像）。

2）需要测量的点目标附近取 N（32 ~ 64）个点，共 $N \times N$ 个点。

3）作距离向插值运算。

4）作距离向的 N 点的 FFT。

5）在频率域的数据零频（或接近于零的区域）补（$M-1$）N 个零；M 取 265 ~ 1024（一般取 512）。

6）再作 MN 点的 IFFT 就完成了图像数据的一维插值运算。

7）作方位向插值运算。

8）作方位向的 N 点的 FFT。

9）在频率域的数据零频（或接近于零的区域）补（$M-1$）N 个零，M 取 265 ~ 1024（一般取 512）。

10）再作 MN 点的 IFFT 就完成了图像数据的二维插值运算。

11）计算图像的分辨率（ρ_r 和 ρ_a）、峰值旁瓣比（$PSLR_r$ 和 $PSLR_a$）和积分旁瓣比（$ISLR_r$ 和 $ISLR_a$）。

12）插值后的图像为 $NM \times NM$，这种方法运算量比较大。

具体实现流程如图 7.3 所示。

（2）改进频域插值算法

1）输出复数图像，插值运算在复数图像上进行。

2）需要测量的点目标附近取 N（32 ~ 64）个点，共 $N \times N$ 个点。

3）作二维 M（一般取 8）倍插值。

4）取插值后图像的最大值的点。

5）在最大值的点附近取 L 行距离线。

6）作 L 行距离向 M（一般取 64）倍插值，插值结果为（32 ~ 64）$\times 8 \times 64$ 个点。

7）求 L 行中的每一个最大值，最大值的结果作为一个距离行。

8）计算图像距离向分辨率、峰值旁瓣比和积分旁瓣比。

9）在最大值的点附近方位取 L（L 视多普勒参数变化定）行。

10）作 L 行方位向 M（一般取 64）倍插值，插值结果为（32 ~ 64）$\times 8 \times 64$ 个点。

11）求 L 行中的每一个最大值，最大值的结果作为一个方位行。

12）计算图像方位向分辨率、峰值旁瓣比和积分旁瓣比。

13）简单地取 $L=1$，可大大减少运算量，但在多普勒参数变化大的区域会带

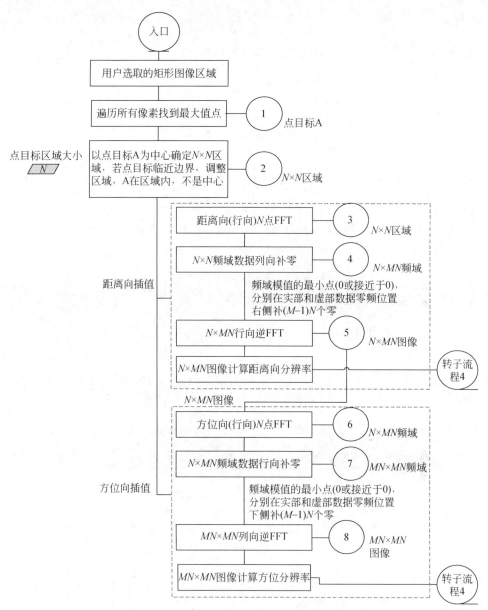

图 7.3　基本频域插值算法的分辨率分析流程

来误差。

　　改进频域插值算法流程如图 7.4 所示。

　　（3）插值后的距离（方位）行确定

　　在插值图像中，为纠正图像中距离向或方位向的偏差，将 L 行（或列）像元

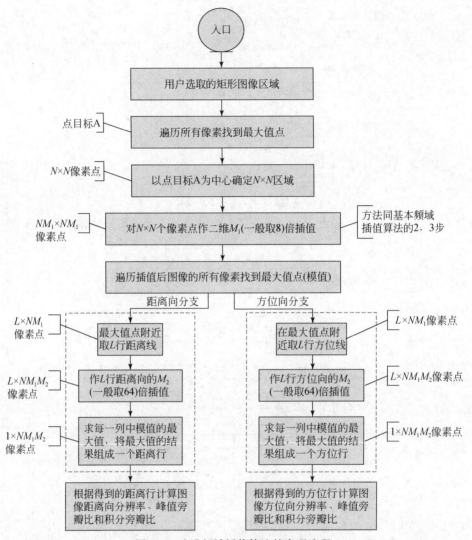

图 7.4　改进频域插值算法的实现流程

的最大值映射为参数计算所采用的距离行（方位列），而不是单纯选择最大值点所在的行或列。矫正以后的距离行（方位列）计算如图 7.5 和图 7.6 所示。

3. 分辨率计算方法

可根据像素间距计算 SAR 图像分辨率：

像素间距为 d（距离向 d_r 或方位向 d_a），一维方向样值点数为 N（区域 $N \times N$），插值倍数为 M，插值后 3dB 像素点数为 N_{3dbr}（或 N_{3dba}），则分辨率计算如下。

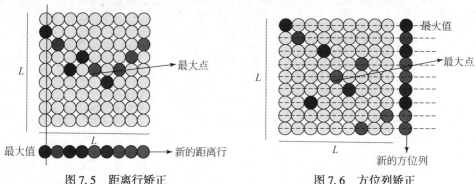

图 7.5　距离行矫正　　　　　　　　　图 7.6　方位列矫正

距离向 3dB 像素点数乘以距离向像素元距离，得到距离向分辨率：

$$(d_r - 1) \times N_{3dbr}/M \tag{7.11}$$

方位向 3dB 像素点数乘以方位向像素元距离，得到方位向分辨率：

$$(d_a - 1) \times N_{3dba}/M \tag{7.12}$$

分辨率的计算步骤如下（图 7.7）：

步骤 1，在插值后图像中的每一列找最大值，把每一列的最大值组成一距离行并保存在数组中。

步骤 2，在数组中找最大值点。

步骤 3，寻找距离向 3dB 像元宽度：

1）以最大值为中心，在距离向往左逐像素搜索，当像素值的大小与最大值的一半最接近时停止搜索，返回该像素与最大值像素之间的距离 d_{r1}（单位为像素）。

2）以最大值为中心，在距离向往右逐像素搜索，像素值的大小与最大值的一半最接近时停止搜索，返回该像素与最大值像素之间的距离 d_{r2}（单位为像素）。

步骤 4，把 d_{r1} 和 d_{r2} 的值相加后减一，再乘以距离向像素元距离，得到距离向分辨率。

步骤 5，寻找方位向 3dB 像元宽度：

1）在插值后图像中的每一行找最大值，把每一行的最大值组成一方向行，并保存在数组中，在数组中找最大值。

2）以最大值为中心，在方位向往上逐像素搜索，像素值的大小与最大值的一半最接近时停止搜索，返回该像素与最大值像素之间的距离 d_{a1}（单位为像素）。

3）以最大值为中心，在距离向往下逐像素搜索，像素值的大小与最大值的一半最接近时停止搜索，返回该像素与最大值像素之间的距离 d_{a2}（单位为像素）。

步骤 6，把 d_{a1} 和 d_{a2} 的值相加后减一，再乘以方位向像素距离，得到方位向分辨率。

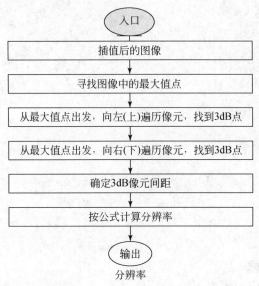

图 7.7　距离向（方位向）分辨率计算过程

4. 峰值旁瓣比计算方法

在插值后的距离（方位）行中，找到最大值点的位置和 3dB 带宽，最大值点亮度 P_m，以 3dB 带宽的 2.3 倍作为第一个零点的位置，从第一个零点位置向右找到最大值作为旁瓣的最大值 P_{smax}。见 7.3.1 节式 (7.1)。

5. 积分旁瓣比计算方法

第一零点之间的宽度取 −3dB 主瓣宽度的 2.3 倍作为主瓣和旁瓣交点的位置，则两个零点之间为主瓣宽度。

计算两个零点之间所有像元的幅值之和作为 E_s。

计算两个零点之外所有像元的幅值之和 E_m，计算积分旁瓣比。

见 7.3.1 节式 (7.2)。

7.3.3　基于面目标的评价指标计算方法

1. 辐射分辨率

见 7.3.1 节式 (7.5)。

2. 平滑指数

见 7.3.1 节式 (7.6)。

3. 平均后向散射系数

见 7.3.1 节式 (7.7)。

4. 均值

图像均值是整个图像的平均强度，它反映了图像的平均灰度，即图像所包含目标的平均后向散射系数。超分辨率处理前后均值应保持不变。

5. 方差

图像方差代表了图像区域中所有点偏离均值的程度，反映了图像的不均匀性。在保持均值不变的前提下，相对标准差越小，越有利于 SAR 图像的分割与分类等后续应用。

6. 动态范围

见 7.3.1 节式 (7.8)。

7.3.4　基于线目标的超分辨率评价

保持边缘细节信息的程度——图像的边缘保持指数是衡量算法对图像边缘保持程度的重要指标，表征超分辨率处理后对边界保持的能力，分为水平边缘保持指数和垂直边缘保持指数。边缘保持指数越高，边缘保持能力越高。见 7.3.1 节式 (7.9)。

7.4　SAR 图像超分辨率主客观综合评价方法

SAR 图像超分辨率综合评价方法主要依靠主观评价确定对主观解译度的影响和工程化可行性分析，同时利用客观评价方法确定图像在超分辨率前后分辨率变化和质量变化情况，最终对超分辨率技术在分辨率、图像质量和工程化分析三个方面给出综合性的评价。

第8章 可见光图像的超分辨率工程应用

超分辨率技术经历了单幅图像的超分辨率复原、多幅图像的超分辨率重建和星—地结合的超分辨率工程实现三个阶段。"星—地结合提高分辨率模式",是将两排或多排 CCD 按一定的结构置于同一卫星相机的焦平面上,得到两幅或多幅具有一定差别的图像,不需要做图像配准和几何校正,即可在地面进行图像重建,得到一幅高分辨率图像。这是超分辨率技术由学术研究向工程实施迈进的关键一步。

8.1 CCD 和 TDI-CCD

CCD,英文全称:charge-coupled device,中文全称:电荷耦合元件。可以称为 CCD 图像传感器。CCD 是一种半导体器件,能够把光能转化为电信号。CCD 上有许多排列整齐的电容,能感应光线,并将影像转变成数字信号。经由外部电路的控制,每个小电容能将其所带的电荷转给它相邻的电容。

CCD 是于 1969 年由美国贝尔实验室(Bell Laboratory)的维拉·波义耳(Willard S. Boyle)和乔治·史密斯(George E. Smith)所发明的。当时贝尔实验室正在研发影像电话和半导体气泡式内存。将这两种新技术结合起来后,波义耳和史密斯得出一种装置,他们命名为"电荷'气泡'元件"(charge "bubble" devices)。这种装置的特性就是它能沿着一片半导体的表面传递电荷,便尝试用来作为记忆装置,当时只能从暂存器用"注入"电荷的方式输入记忆。但随即发现光电效应能使此种元件表面产生电荷,而组成数字影像。到了 20 世纪 70 年代,贝尔实验室的研究员已经能用简单的线性装置捕捉影像,CCD 就此诞生。有几家公司继续此一发明,着手进行进一步的研究,包括快捷半导体(fairchild semiconductor)、美国无线电公司(RCA)和得州仪器(Texas Instruments)。其中快捷半导体的产品率先上市,于 1974 年发表 500 单元的线性装置和 100×100 像素的平面装置。

2006 年 1 月,波义耳和史密斯获得国际电机电子工程师学会(IEEE)颁发的 Charles Stark Draper 奖章,以表彰他们对 CCD 发展的贡献。2009 年他们因"发明了成像半导体电路——电荷耦合器件图像传感器 CCD"获诺贝尔物理学奖。

CCD 从功能上可分为线阵 CCD 和面阵 CCD 两大类。线阵 CCD 通常将 CCD 内部电极分成数组,每组称为一相,并施加同样的时钟脉冲。所需相数由 CCD

芯片内部结构决定，结构相异的 CCD 可满足不同场合的使用要求。线阵 CCD 有单沟道和双沟道之分，其光敏区是 MOS 电容或光敏二极管结构，生产工艺相对较简单。它由光敏区阵列与移位寄存器扫描电路组成，特点是处理信息速度快，外围电路简单，易实现实时控制，但获取信息量小。面阵 CCD 的结构要复杂得多，它由很多光敏区排列成一个方阵，并以一定的形式连接成一个器件，获取信息量大，能处理复杂的图像。

　　TDI（time delayed and integration）CCD（即时间延迟积分 CCD）是近几年发展起来的一种新型光电传感器。TDI-CCD 是基于对同一目标多次曝光，通过延迟积分的方法，大大增加了光能的收集，与一般线阵 CCD 相比，它具有响应度高、动态范围宽等优点。在光线较暗的场所也能输出一定信噪比的信号，可大大改善环境条件恶劣引起信噪比太低这一不利因素。在空间对地面的遥感中，采用 TDI-CCD 器件作为焦平面探测器可以减小相对孔径，从而可减小探测器重量和体积。因此 TDI-CCD 器件一出现，便在工业检测、空间探测、航天遥感、微光夜视探测等领域中得到了广泛的应用。

　　TDI-CCD 的工作原理与普通线阵 CCD 的工作原理有所不同，它要求行扫速率与目标的运动速率严格同步，否则就不能正确地提取目标的图像信息。当应用 TDI-CCD 对运动目标成像时，与其他视频扫描方法相比具有一系列优点，其中包括灵敏度高、动态范围大等。它允许在限定光强时提高扫描速度，或在常速扫描时减小照明光源的亮度，减小了功耗，降低了成本。此外，还有一个突出的优点就是在推扫方式成像时，可以在很大程度上消除像移。

8.2　单线阵 CCD 超分辨率方法

　　超分辨率技术在提高遥感卫星空间分辨率方面的作用已经被证实，但是，在工程应用中星上硬件怎样达到超分辨率要求，实现提高分辨率的目的？在深入研究卫星图像获取高模式和超模式的基础上，从卫星工程实际应用的角度出发，提出了一套提高卫星图像空间分辨率的创新性图像获取模式——"斜模式"，突破了以往的常规采样和非常规采样模式，使得超分辨率技术的工程应用易于实现。本章介绍了遥感卫星"斜模式"采样的概念和作用，分析了"斜模式"采样的优点，研究了其实现方法，论述了"斜模式"采样的原理，并提出了实现"斜模式"采样要做的前期研究。

8.2.1　国内外研究发展现状

　　国内，西安光学精密机械研究所的刘新平等也进行了这方面的研究，对两幅相同空间分辨率的图像进行图像重建后，新的空间分辨率是原图的 1.6 倍左右。

中国航天科技集团公司第五研究院 508 所的乌崇德和周峰以及北京大学遥感与地理信息系统研究所的陈秀万和马佳也进行了研究，取得了一定的成果。

我们在"提高卫星空间分辨率的图像处理技术"课题中，推演出针对性、可用性较强的图像重建算法 8 种，部分算法已申请发明专利。2001 年 11 月 15 日，在北京召开的课题技术鉴定会上，鉴定委员会认为：该项研究成果在提高卫星图像空间分辨率、图像重建数学模型和采样模式设计方面有创新和突破，具有广泛的推广使用价值和应用前景，研究成果达到国际先进水平。

（1）SPOT5 提高空间分辨率技术现状

据 1997 年 2 月的 *SPACE NEWS* 报道，法国将把一种新的图像融合技术应用于 2002 年发射的"SPOT5"卫星，这种技术是在地面上将两幅 5m 分辨率、同时相的"SPOT5"卫星图像进行融合处理，获得 2.5～3m 的高分辨率图像。法国官员称，法国航天主管部门国家航天研究中心已将此项技术在世界范围内申请了专利保护。

实际上，1991 年，在 SPOT 研制的框架中，为了寻求一种增加全色 SPOT 5m 模式的空间采样率的经济方式，法国国家空间研究中心（CNES）开展了一项研究。这些研究最后导致了 SPOT5 甚高分辨率（THR）工作模式的诞生。其原理是：由于在 Nyquist 频率处，SPOT5 的 MTF 值有效，由此可得知 SPOT5 的采样网格是不充分的，如果增加采样网格密度，传感器可以得到更高频率的图像。

SPOT5 应用一种梅花形的采样网格，这种网格大致满足 Shannon 条件，因此几乎可以获取所有未被仪器的 MTF 滤掉的频率里的图像。由于采用先进的地面预处理技术，其中包括梅花形插值技术、去噪声和解卷积，最终的超分辨率结果表明：SPOT5 超分辨率模式的地面分辨率接近采样间隔为 3m 的常规模式，而原始模式的采样间隔为 5m。

（2）其他卫星提高空间分辨率技术相关情况

据 2001 年 8 月的 *SPACE NEWS* 报道，空间分辨率为 0.5m 的第二代"艾科诺斯"卫星将采用与空间分辨率为 1m 的第一代"艾科诺斯"卫星相同的基础平台，分辨率提高的原因除了运行轨道降低外，采用了一种经过改进的相机。我们估计，相机可能采用超分辨率模式来提高分辨率。

据 2001 年 8 月的 *SPACE NEWS* 报道，以色列的 EROS-B1 进入建造阶段，分辨率为 0.5m，于 2003 年发射。成像卫星国际公司首席执行官雅各布·韦斯说，EROS-B1 是"一颗极为先进的卫星"，其分辨率能达到 0.85m，采用"过采样"（over-sampling）则能达到 0.5m。该公司的一位高级官员解释说，目前，当 EROS-A1 卫星拍摄图像时，若想提高分辨率，公司便采用"过采样"法。该方法一是需要降低成像速度；二是需要特殊软件。EROS-A1 卫星被设计得能够以 1.8m 到略优于 1m 的分辨率拍摄图像。这位官员在 2001 年 8 月 8 日的记者会上说，为了提高 EROS-B1 卫星的图像分辨率，除了采用过采样方法以外，公司还将保留另一种选择方案：将卫星的轨道高度从原计划的 600km 降低到不足 500km。其结果会带来卫星寿命短和成像带宽减小的负面影响。

《运用小型卫星的未来光学监视》（*Future Optical Using Small Satellite*）指出，小型卫星的敏捷性使得系统能够执行新奇的高分辨率模式，传感器通过更快地向后方俯仰机动，应用超分辨率处理技术能获取地面相同区域的多幅图像数据。或者让卫星偏航运动以使传感器不再以垂直于卫星飞行方向的传统方式扫描，而是与星下点轨迹成一定夹角，产生幅宽窄的高分辨率图像。

《利用小卫星进行甚高分辨率成像》（*Very High Resolution Imaging Using Small Satellites*）指出，萨里卫星技术有限公司研制了一颗图像分辨率为 2.5m 的下一代小卫星"尼日利亚卫星 2"，使用更简单的线性电荷耦合器件探测器。前进移动补偿的另一个优势是允许有意偏航，通过偏航角正弦来实现降低像元地面轨迹宽度并获得"超分辨率"；这种方式可以使地面像素中心点聚集得更加紧密，超过探测器像素所能达到的标准投影。该项技术我们在 2003 年已经申请了国防专利。因此，超分辨率模式与传统模式相比，基线分辨率的提高可能达到 40%，如图 8.1 所示。

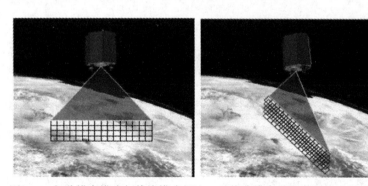

图 8.1　超分辨率模式与传统模式相比，基线分辨率的提高可能达到 40%

（3）超分辨率技术在航测相机和普通相机中的应用

莱卡公司生产的 ADS40 机载航测数字相机应用超分辨率技术使得空间分辨率提高 1 倍。

普通相机方面，FinePix 系列高分辨率数字相机采用日本 Fuji 公司的 SuperCCD，来提高其空间分辨率。该技术将面状 CCD 设计成正八边形的蜂窝结构，其 MTF 比方形提高 14%。

8.2.2　采样方法

要实现超分辨率的目标，星上焦平面由传统的一排 CCD 采样，改为非常规的两排 CCD 采样。这两排 CCD 在空间位置上需上下错（$n+0.5$）个 CCD 像元、左右错 0.5 个 CCD 像元，这里的 n 为正整数，在制造工艺和配准精度允许的情况下，最好尽可能地小，同时两排 CCD 在图像采集、数据传输、数据压缩等一系列过程中各自保持独立。焦面解决方案有三种，第一，用线阵 CCD 光学拼接方法实现；第二，由 CCD 制造厂商专门制造一个带有这样两排 CCD 的特殊集成器件（"SPOT5"应用该方法）；第三，两排长线阵 CCD 采用自行视场机械配准形成焦面集成方法。

对于焦面解决的三种方案，对我国而言，在工程上存在着一定的局限性，这是超分辨率技术没有在我国工程中实际应用的重要原因，第一种方案（光学拼接法）的不足在于，受光学拼接的技术和工艺所限，CCD 位置相对错位精度在卫星飞行方向和垂直方向不高，造成重建出的高分辨率图像模糊；第二种方案（集成芯片），由 CCD 制造厂商专门制造一个带有这样两排 CCD 的特殊集成器件，例如，法国汤姆逊公司已成功研制双线阵 CCD 焦面组件 TH31535，我们能否购得这样的器件，是工程应用最大的问题；第三种方案（视场机械配准法），两排长线阵 CCD 采用自行视场机械配准形成焦面，它的缺点和第一种方案一样，CCD 位置相对错位精度在卫星飞行方向和垂直方向不高，会造成重建出的高分辨率图像模糊。

正是由于以上原因，超分辨率技术的应用一直受到限制。经过多年从物理采样基础到数学理论的研究，我们提出了"斜模式"采样方法，该方法已申请了国防发明专利（专利号：ZL200310102081.8）。

对于双向空间分辨率提高到 $\sqrt{2}$（或 2）倍和 3 倍的原理方法如图 8.2 和图 8.3 所示。

"斜模式"采样的基本思路是 CCD 线阵"斜"放置，和卫星飞行方向的夹角是"45°"，而不是常规的"90°"，CCD 线阵进行"斜"采样，从而实现卫星图像空间分辨率提高 1.4~2 倍。

"斜模式"的确立，使得卫星图像超分辨率的工程实现成为可能，突破了传统的卫星扫描模式，也突破了传统的卫星工作模式，使得同一颗卫星获得不同分辨率图像的需求可以实现，对我国航天事业的发展具有重大的意义，是一项开拓创新研究。

1. 双向空间分辨率提高到 $\sqrt{2}$（或 2）倍"斜模式"采样原理

如图 8.2 所示，该采样模式可以使双向空间分辨率提高 1 倍，要求如下：

1）CCD 阵列的方向和卫星飞行（推扫）方向的夹角为 45°。

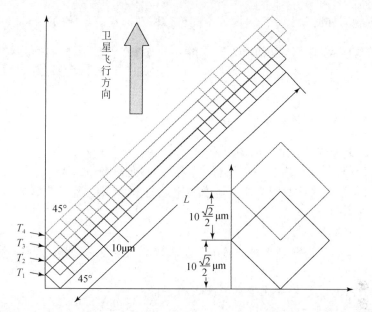

图 8.2　单线阵 CCD "斜模式" 采样空间分辨率提到 $\sqrt{2}$ （或）2 倍示意图

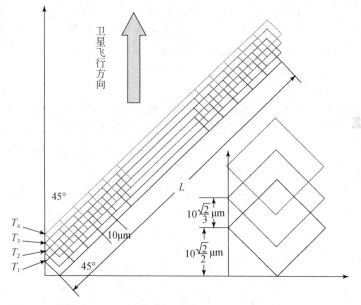

图 8.3　单线阵 CCD "斜模式" 采样空间分辨率提高到 3 倍示意图

2）常规采样时间为 T，斜模式空间分辨率双向提高 1 倍的采样时间为 $\frac{\sqrt{2}}{2}T$。

3）该模式空间分辨率是常规模式的 $\sqrt{2}$（或 2）倍，采样时间是常规模式的 $\frac{\sqrt{2}}{2}$ 倍，视场宽度是常规模式的 $\frac{\sqrt{2}}{2}$，信噪比是常规模式的 $\frac{\sqrt{2}}{2}$ 倍。

2. 双向空间分辨率提高到 3 倍"斜模式"采样原理

如图 8.3 所示，该采样模式可以使双向空间分辨率提高 2 倍，要求如下：

1）CCD 阵列的方向和卫星飞行（推扫）方向的夹角为 45°。

2）如果常规采样时间为 T，斜模式空间分辨率双向提高 1 倍的采样时间为 $\frac{\sqrt{2}}{3}T$。

该模式空间分辨率是常规模式的 3 倍，采样时间是常规模式的 $\frac{\sqrt{2}}{3}$ 倍，视场宽度是常规模式的 $\frac{\sqrt{2}}{2}$，信噪比是常规模式的 $\frac{\sqrt{2}}{3}$ 倍。

8.2.3　初步实验结果

中国航天科技集团公司第五研究院 508 所王怀义、周峰等进行了实物地面实验，结果表明：采用这种新的采样方法提高单线阵采样式光学遥感器图像的空间分辨率不仅在理论上是可行的，而且在工程上也是可以实现的，相对常规单线阵采样，空间分辨率可以提高 1.64 倍左右，比较接近理论计算结果。该方法的优点如下：

1）分辨率高，双向可以达到准 1.4~2 倍。

2）不需要两排 CCD 的特殊集成器件，不受国外的限制。克服了光学拼接法和视场机械配准法的不足，CCD 位置相对错位精度在卫星飞行方向和垂直方向较高，重建出的高分辨率图像较好。

3）在斜模式情况下，在卫星飞行方向和垂直方向的精度由采样时间和 CCD 线阵的倾斜度决定，控制容易，精度较高。

4）由于卫星相机改变较小，星上需要改造的硬件较少，工程实现容易。只是将 CCD 阵列的方向和卫星飞行（推扫）方向的夹角设置为一定的角度（45°），采样加快（采样时间缩短），星上的其他硬件设备不必做任何改造。

5）设想：同一颗卫星可以设置两种工作模式：常规模式和斜模式，斜模式的实现可以通过把卫星相机在卫星飞行方向旋转 45°，同时将采样时间缩短。可以根据实际工作对空间分辨率的需要改变工作模式。

该方法的缺点：采样幅宽减小。

8.3　TDI-CCD 等效面阵超分辨率方法

8.3.1　技术路线

研究的总体思路如下（图8.4）：

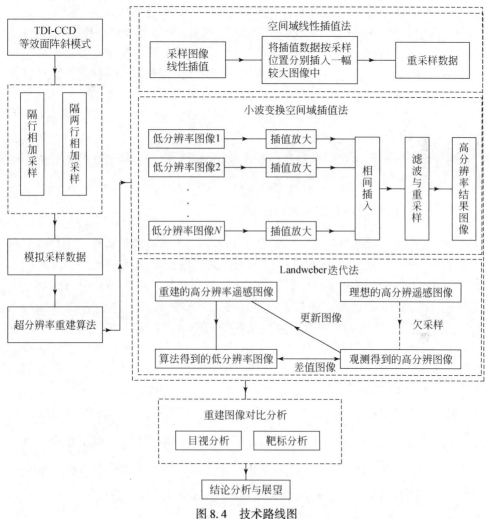

图 8.4　技术路线图

首先，介绍 TDI-CCD 等效面阵斜模式采样原理，具体的采样原理将在下面详细讲解。在理解采样原理的基础上，则可以规划出详细的采样过程，根据采样的过程模拟采样，并获得多幅采样数据。采样数据在模式 1 和模式 2 两种采样方法中分别为 5 幅、10 幅，它们是具有已知偏移量的重采样低分辨率图像。

然后，将这些模拟采样获取的低分辨率影像分别应用空间域线性插值法、小波变换空间域插值法、Landweber 迭代法三种多帧影像重建方法，分别进行超分辨率重建，每种模式分别获得一幅高分辨率遥感影像。其中，空间域线性插值法是将多幅不同的采样数据按照它们的位置偏移关系进行线性插值后的组合。小波变换空间域插值法是为每一幅低分辨率重采样模拟数据分别插值放大，再将插值后的图像相间插入，经过滤波与采样，重新获得高分辨率遥感影像。Landweber 迭代算法是将低分辨率遥感图像通过迭代计算一次次地逼近高分辨率图像。算法通过已知的低分辨率遥感图像，用非线性内插估算一个高分辨率图像——它保持了良好的细节信息和边缘信息，再通过重采样把获取的低分辨率影像与原低分辨率采样图像做差，再将差值进行线性插值加到估算的高分辨率影像上，这样一次次的循环不断迭代重建，来对高分辨率图像进行模拟。

最后，将三种方法重建的遥感图像分别与模拟采样数据、原图数据进行对比，并把靶标图像的处理结果与对比效果作为分辨率分析的重要依据，主要是通过目视分析，与靶标对比，来对几种方法进行评价。最后总结对比结果并得出结论以及对研究的几种方法做展望。

8.3.2 TDI-CCD 等效面阵斜模式

我们将面阵倾斜采样，在面阵长宽不变的情况下就增加了面阵在采样方向垂直的方向（横向）上的采样密度。面阵的倾斜带来的最大问题是多重像元的信号积分问题，因为倾斜的 CCD 面阵，CCD 像元之间原有的纵向积分方式就不再适用了。解决这一问题的方法在于隔行对齐的采样模式：通过观察 CCD 面阵的倾斜我们能够发现，在 CCD 面阵倾斜某些特定值的角度时，在采样方向出现了特定规则的排列方式。利用这些规则的排列，将 CCD 面阵隔行对齐就能够找到用于多重积分的对齐像元，再通过分光镜用多个 CCD 面阵同时接收信号，那么信号的强度就得到了保证。

模式 1 采样的基本思路是 TDI-CCD 传感器"斜"放置，和传统 CCD 线阵方向的夹角是 $26.5623°$（$\arctan \frac{1}{2}$），采用这样的倾斜角度刚好可以使相隔一行的两排 CCD 像元在采样方向上对齐。在采样方向上为了将采样间隔缩短为常规模式的一半，则在采样方向上速度不变的情况下，采样距离变为原来的 $\frac{1}{\sqrt{5}}$ 倍，所以采样时间是常规模式的 $\frac{1}{\sqrt{5}}$ 倍，从而实现卫星图像空间分辨率整体提高到原来的 $\sqrt{5}$ 倍的采样方法。模式 1 原理如图 8.5 所示。

模式 2 采样的基本思路是 TDI-CCD 传感器"斜"放置，和传统 CCD 线阵方

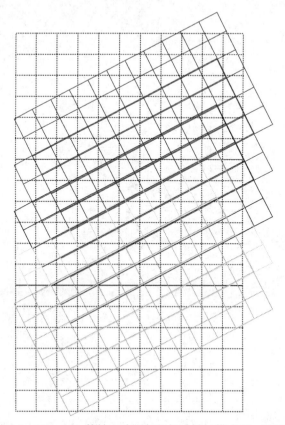

图 8.5　TDI-CCD 等效面阵隔行相加采样（模式 1）原理图

向的夹角是 18.4378°（$\arctan\dfrac{1}{3}$），采用这样的倾斜角度刚好可以使相隔两行的两排 CCD 像元在采样方向上对齐。在采样方向上速度不变的情况下，采样距离变为原来的 $\dfrac{1}{\sqrt{10}}$ 倍，所以在采样间隔变为原来的 $\dfrac{1}{\sqrt{10}}$ 的情况下，采样时间是常规模式的 $\dfrac{1}{\sqrt{10}}$ 倍，从而实现卫星图像空间分辨率提高到原来的 $\sqrt{10}$ 倍的采样方法。由于采样频率过高难以实现，且信噪比太低影响图像质量，可将其采样频率变为 $\dfrac{3}{\sqrt{10}}$ 倍，但要求采样 CCD 排数变为原来的 3 倍进行补偿。模式 2 原理如图 8.6 所示。

　　在以上模式中多个 CCD 阵列倾斜错位放置，在横向上通过倾斜一定的角度来增加 CCD 像元的采样密度，在纵向上通过缩小采样时间来增加采样密度，两

图 8.6　TDI-CCD 等效面阵隔 2 行相加采样（模式 2）原理图

种方式结合获取多幅具有互补信息的低分辨率遥感图像，由此得到了适用于超分辨率重建技术的多幅序列遥感影像。

8.3.3　模拟实验数据

选择一幅原始高分辨率影像，本实验所用图像为 Google 地图上的纽约约翰·菲茨杰拉德·肯尼迪国际机场的遥感图像。

具体地点如图 8.7 所示。

经过灰度化以后的原始图像如图 8.8 所示。

图 8.7　原始卫星影像

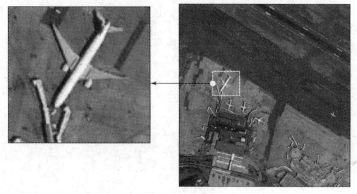

图 8.8　灰度化之后的原始图像

采样过程是以原始图像像元大小的 5 倍作为一个采样单元，每个单元作为一个采样窗格，并将窗格分别倾斜 $\arctan\frac{1}{2}$ 与 $\arctan\frac{1}{3}$ 角度。由于在实际卫星 CCD 采样过程中，CCD 像元并非完全曝光，此处取采样窗格受光开始到受光结束的一半作为采样范围，也就是每个采样窗格在采样方向上的一半作为采样范围，将采样范围内所包含的原图像像元的值取平均值作为整个窗格的值，每一个 CCD 像元的采样范围内含有不等数目的原图像像元，将这些原图像像元平均值作为采样后图像在采样窗格处的这一点的像元值。

以上所述的采样方式，在模式 1 中可以获得 5 幅在采样方向上相差距离为原

图像的 $\dfrac{1}{\sqrt{5}}$ 个像元的采样图像，效果如图 8.9 ~ 图 8.11 所示。由于篇幅限制我们选取其中具有相邻信息的 2 幅做具体观察，另外列出 2 幅的具体细节。

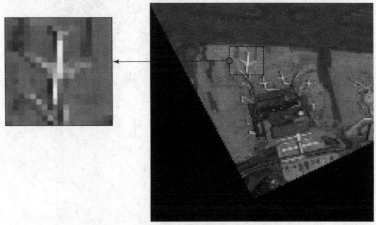

图 8.9　模式 1 采样图像展示，部分 1

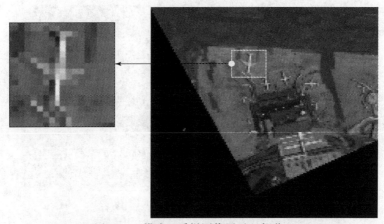

图 8.10　模式 1 采样图像展示，部分 2

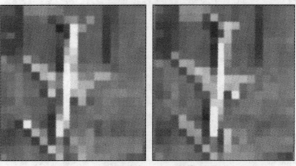

图 8.11　采样图像 3、4 图像细节展示

在模式 2 中可以获得两幅在采样方向上相差距离为原图像的 $\dfrac{1}{\sqrt{10}}$ 个像元的

采样图像，采样过程以限定原图像中像元距离 $y = \dfrac{1}{3}x$ 以及 $y = -3x$ 两条直线

的距离作为窗格采样条件，以此来实现窗格的约束范围，原图像像元的中心点所在的窗格即为该像元所在的窗格。并添加随窗口不同，到 y 轴距离不同的采样拦截线一条以更真实地模拟卫星采样数据，拦截线以上部分的窗口内像元平均值作为该窗口的采样数据值。采样获得的 4 幅图像结果如图 8.12 ~ 图 8.15 所示，由于篇幅限制我们选取其中具有相邻信息的 3 幅做具体观察，另外 7 幅只列出具体细节。

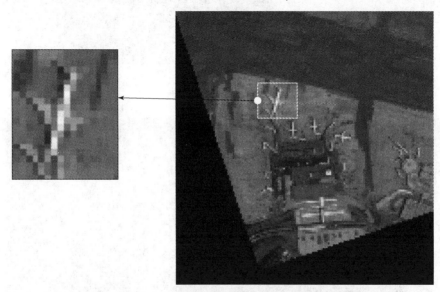

图 8.12　模式 2 采样图像展示，部分 1

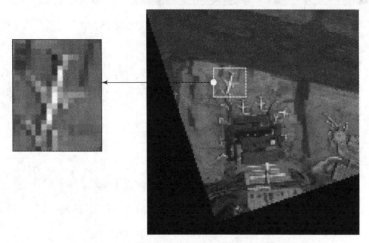

图 8.13　模式 2 采样图像展示，部分 2

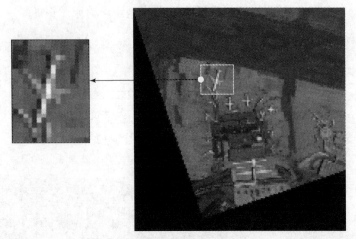

图 8.14　模式 2 采样图像展示，部分 3

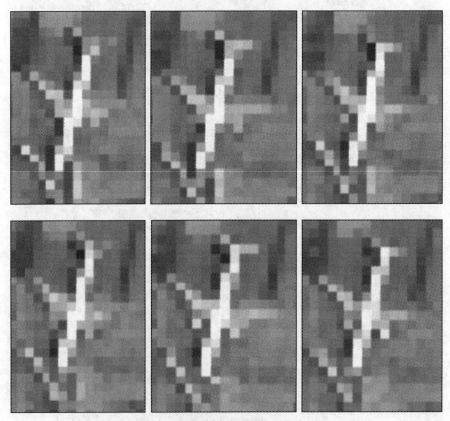

图 8.15　模式 2 采样图像细节展示

仔细观察我们不难发现，虽然各幅低分辨率采样图像含有的细节信息都很少，但是每一幅采样图像所含的信息都略有不同。超分辨率重建正是基于这些不同的信息，将它们提取，糅合到一幅影像中，来获取高分辨率影像。

8.3.4　超分辨率重建

1. 空间域线性插值法

（1）空间域线性插值原理

通过对采样模式的观察与思考我们不难发现采样数据之间的位置关系，以及采样低分辨率数据与现实地物之间的对应关系。根据这些包含在采样过程中的信息，我们可以将采样图像按照相应的位置关系还原到高分辨率图像相应的位置，从而实现简单快速的超分辨率实现方法。

在图 8.5 与图 8.6 中可以看到，在采样模式 1 中，采样频率变为常规模式的近两倍，而像元之间是隔行对齐的，也就是在这样的一次循环中分别采到了 4 幅具有不同细节的卫星遥感图像。在这四幅图像中，以第一幅为基准图像，则第二幅图像的空间位置偏移可以视为在 CCD 常规采样方向上移动了 0.5 个 CCD 像元，同时在与常规采样方向垂直的方向上移动了 0.25 个 CCD 像元；第三幅图像的空间位置偏移可以视为在 CCD 常规采样方向上移动了 1 个 CCD 像元，同时在与常规采样方向垂直的方向上移动了 0.5 个 CCD 像元，第四幅图像的空间位置偏移可以视为在 CCD 常规采样方向上移动了 1.5 个 CCD 像元，同时在与常规采样方向垂直的方向上移动了 0.75 个 CCD 像元。按照这样的方式继续采样，第五幅图像将会与第一幅图像隔行对齐，也就是说获得相同的采样信息。值得注意的是，在这里我们将第三幅图像和第四幅图像上调一个 CCD 像元的位置以便更好地进行计算。采样的位置信息如图 8.16 所示。

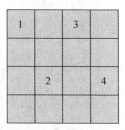

图 8.16　模式 1 采样位置示意图

相似地，模式 2 的采样位置关系则是在一个 9×9 的区域内，在 CCD 常规采样方向上每一次移动 1/3 个 CCD 像元，同时在与常规采样方向垂直的方向上移动了 1/9 个 CCD 像元。共采样 9 次，第十次采样将与第一次采样对齐，并获得相同的采样信息。同样的，我们将第四、五、六幅图像上调一个 CCD 像元的位置，将第七、八、九幅图像上调两个 CCD 像元，以便更好地进行计算。其采样位置信息如图 8.17 所示。

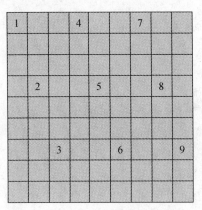

图 8.17　模式 2 采样位置示意图

　　空间域线性插值法可以看成是图像的拆卸又重装的过程。虽然这样看被拆卸的每一部分都包含有其他部分的一些信息，但这些混叠的信息可以让我们通过相对简单的线性插值和重采样的方法简单、迅速地模拟出原高分辨率图像。

　　（2）空间域线性插值法结果

　　在模式 1 下，图像空间分辨率提升 2 倍的空间域线性插值法重建结果及其细节如图 8.18 所示。

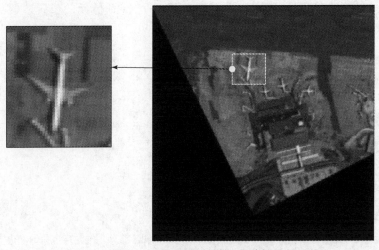

图 8.18　模式 1 空间域线性插值法重建结果与细节

在模式 2 下，图像空间分辨率提升 3 倍的空间域线性插值法重建结果及其细节如图 8.19 所示。

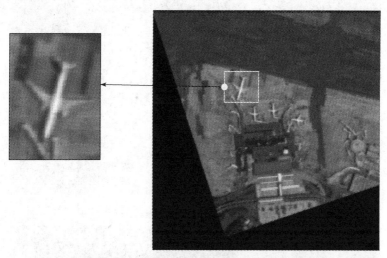

图 8.19　模式 2 空间域线性插值法重建结果与细节

空间域线性插值法模式 1、模式 2 与常规模式获取遥感图像对比如图 8.20 所示。

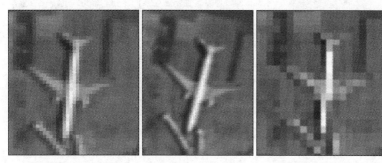

(a)模式1重建后图像　　　(b)模式2重建后图像　　　(c)常规模式获取遥感图像

图 8.20　模式 1、模式 2 与空间域线性插值法重建结果对比展示

2. 小波变换空间域插值法

在模式 1 下，图像空间分辨率提升 2 倍的小波变换空间域插值法重建结果及其细节如图 8.21 所示。

在模式 2 下，图像空间分辨率提升 3 倍的小波变换空间域插值法重建结果及其细节如图 8.22 所示。

小波变换空间域插值法模式 1、模式 2 与常规模式获取遥感图像对比如图 8.23 所示。

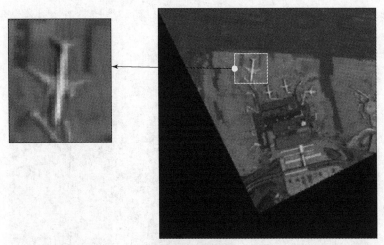

图 8.21　模式 1 小波变换空间域插值法重建结果与细节

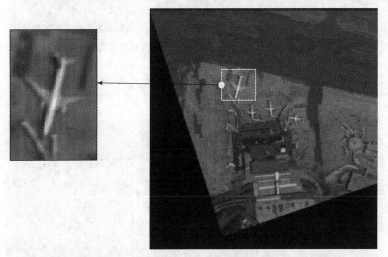

图 8.22　模式 2 小波变换空间域插值法重建结果与细节

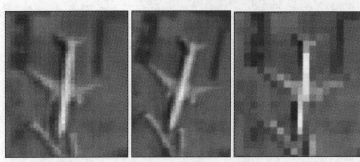

　(a)模式1重建后图像　　　(b)模式2重建后图像　　　(c)常规模式获取遥感图像

图 8.23　模式 1、模式 2 与小波变换空间域插值法重建结果对比展示

3. Landweber 迭代法

在模式 1 下，Landweber 迭代法分辨率提高 1 倍的重建结果及其细节如图 8.24 所示。

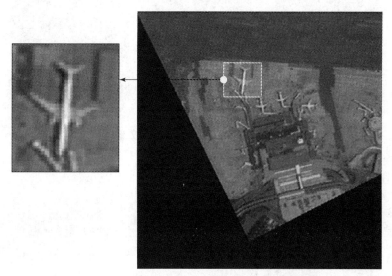

图 8.24　模式 1 Landweber 迭代法重建结果与细节

在模式 2 下，图像空间分辨率提升 3 倍的 Landweber 迭代法重建结果及其细节如图 8.25 所示。

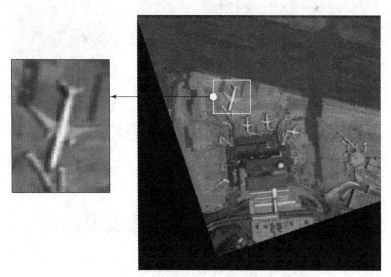

图 8.25　模式 2 Landweber 迭代法重建结果与细节

Landweber 迭代法模式 1、模式 2 与常规模式获取遥感图像对比如图 8.26 所示。

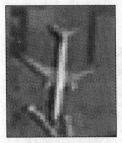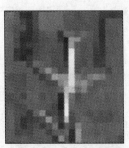

(a)模式1重建后图像　　(b)模式2重建后图像　　(c)常规模式获取遥感图像

图 8.26　模式 1、模式 2 与 Landweber 迭代法重建结果对比展示

4. 结果对比分析

（1）飞机图像

如图 8.27 和图 8.28 所示，两种模式各方法对比，图中顺序（a）~（e）依次为：空间域线性插值法结果、小波变换空间域插值法结果、Landweber 迭代法结果、一幅常规分辨率采样图像以及模拟高分辨率图像。

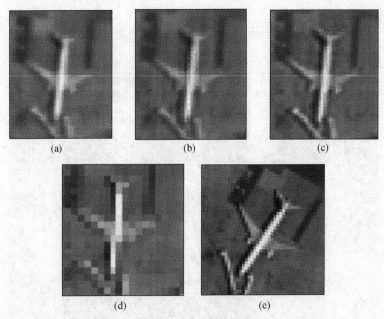

图 8.27　模式 1 三种算法重建结果细节对比

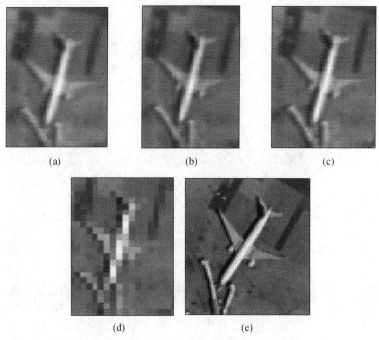

图 8.28　模式 2 三种算法重建结果细节对比

（2）靶标图像

在此基础上我们以更具对比效果的靶标图像作为方法效果对比的依据，同样通过三种方法处理靶标图像。在此选取了条状靶标和楔形靶标两种靶标图像作为分析的基础数据。靶标图像的原图像、采样图像、超分辨率处理结果如图 8.29 和图 8.30 所示。图 8.29 是楔形靶标对比结果。

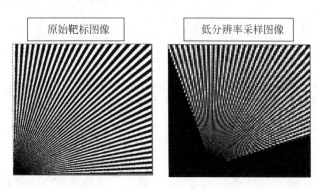

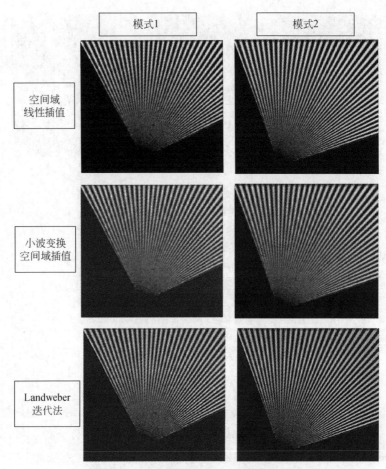

图 8.29　楔形靶标超分辨率重建结果对比

图 8.30 是条状靶标对比结果。

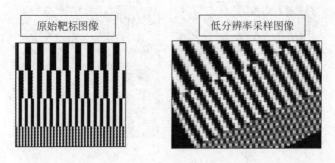

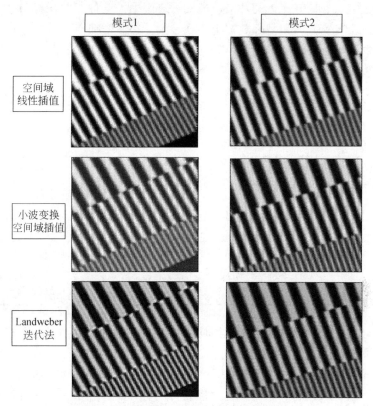

图 8.30　条状靶标超分辨率重建结果对比

　　首先，从超分辨率效果上看，三种方法都达到了不错的超分辨率重建效果，获得了让人比较满意的高分辨率影像。从具体细节来看，三种超分辨率方法的重建效果，清晰度从低到高排序依次为：空间域线性插值法、小波变换空间域插值法、Landweber 迭代法。其中，小波变换空间域插值法与空间域线性插值法相比，在实景地物中表现更好，在条状靶标图像中甚至出现了一定的边缘形变。Landweber 迭代法与前两种方法相比，图像重建效果，清晰度提升效果更明显。但是 Landweber 迭代法也出现了一些不稳定因素，如图 8.30 所示，随着迭代次数的增加，右下角的条状靶标白色线条内出现了少量的黑色阴影，这是由于在迭代过程中，细微的信息多次累积造成的图像整体灰度值增加。在以后的研究中，作者希望通过定量的方式，消除此噪声。

　　然后，从方法实现难度上来说，空间域线性插值法具有简单、快速、效率高的优点，小波变换空间域插值法难度略有提升，计算量也有较大幅度的提高。Landweber 迭代法难度相对前两种方法要更高，计算量也有大幅度的提升，运行效率相对较低，这也和实验的电脑性能有一定关联。

最后在模式 1 和模式 2 两种采样模式的应用中，三种方法同样有效。空间域线性插值法在实景数据和靶标数据中表现一致；小波变换空间域插值法在实景地物中表现更好；Landweber 迭代法则在迭代到一定次数后无论在靶标图像还是实景图中都表现不俗，尤其是图像的边缘清晰度提升非常明显。

（3）最优方法分析

综合实验结果数据得到表 8.1。

表 8.1　三种超分辨率重建方法各指标对比

指标	空间域线性插值法	小波变换空间域插值法	Landweber 迭代法
图像重建效果	较好	比空间线性插值法更好	很好
方法难度	低	中	高
计算量	低	中	高
特点	简单，高效，重建效果尚可	相对简单，效率尚可，效果提升居中，实景地物表现更好	重建效果最好，计算量大，难度略高，边缘清晰度提升明显

经过对比分析，作者认为在实际应用过程中空间域线性插值法采样效果尚不能满足人们对遥感图像分辨率精益求精的需求，小波变换空间域插值法也没有达到预期的效果，此方法也有待进一步的研究与发展，Landweber 迭代法在方法成型以后就可以忽略它的应用难度，虽然要付出更大的计算量，但仍在可以接受的范围内。虽然在模式 2 中的效果不如模式 1 好，但是实际应用中相差不明显，推荐最优方法为 Landweber 迭代法。

参 考 文 献

程燕 . 2007. 图像超分辨率重建关键技术的研究 . 上海：上海交通大学博士学位论文 .

郝鹏威 . 1997. 数字图像空间分辨率改善的方法研究 . 北京：中国科学院遥感应用研究所博士学位论文 .

郝云彩，杨秉新，张国瑞 . 1999. 提高线阵 CCD 相机 MTF 的细分采样理论与方法 . 航天返回与遥感，20（2）：26-34.

胡国营，周春平，宫辉力，等 . 2008. 超分辨率图像重建方法研究 . 地理与地理信息科学，（增刊）：21-35.

姜景山 . 2001. 空间科学与应用 . 北京：科学出版社 .

蒋斌 . 2006. 非常规采样及其图像恢复研究 . 南京：南京理工大学硕士学位论文 .

李亚斌，宋丰华 . 2006. 基于 TDI-CCD 的红外焦平面探测技术 . 红外，27（9）：29-33.

刘新平，高英俊，鲁昭，等 . 1999a. 遥感器小型化技术研究 . 遥感技术与应用，14（3）：78-84.

刘新平，高瞻，邓年茂，等 . 1999b. 面阵 CCD 作探测器的 "亚像元" 成像方法及实验 . 科学通报，44（15）：34-43.

刘兆军，周峰，阮宁娟，等 . 2011. 一种光学遥感成像系统优化设计新方法研究 . 航天返回与遥感，32（2）：34-41.

马蔼乃 . 1984. 遥感概论 . 北京：科学出版社 .

马佳，陈秀万 . 2001. 基于梅花采样的遥感图像重建方法研究 . 北京：中国空间技术研究院硕士学位论文 .

马佳，周春平，陈秀万 . 2001. 基于梅花采样的遥感图像重建方法研究 . 北京：中国遥感奋进创新二十年学术研讨会 .

梅安新 . 2001. 遥感导论 . 北京：高等教育出版社 .

石宇，周春平，时春雨，等 . 2003. 红外相机超分辨率的采样方法研究 . 北京：提高卫星空间分辨率学术研讨会论文集：35-43.

时春雨，周春平，石宇，等 . 2003. 单幅可见光遥感图像超分辨率方法研究 . 北京：提高卫星空间分辨率学术研讨会论文集：211-219.

谭兵 . 2004. 多帧图像空间分辨率增强技术研究 . 郑州：解放军信息工程大学博士学位论文 .

田兵兵 . 2009. 图像超分辨率重建算法研究 . 合肥：中国科学技术大学硕士学位论文 .

田越，杨晓月，周春平，等 . 2001. 基于频域解混叠提高遥感图像空间分辨率方法研究 . 北京：2001 年中国智能自动化学术会议论文集：150-163.

王京萌，张爱武，孟宪刚，等 . 2014. 27°斜模式采样及其遥感图像复原研究 . 测绘通报，04：139-142.

王京萌，张爱武，赵宁宁，等 . 2015. 斜采样的倾斜角度对采样产生混叠的影响及其与分辨率的关系 . 吉林大学学报：工学版，45（3）：953-960.

王静 . 2012. 基于成像系统建模提高遥感图像分辨率方法研究 . 南京：南京理工大学博士学位论文 .

王静，周峰，潘瑜，等 . 2011. 提高空间光学遥感器有效分辨率的方法研究 . 航天返回与遥感，

04：24-29.

王静，徐丽燕，夏德深．2012a. 斜采样技术的混叠分析及分辨率计算．电子学报，40（5）：1067-1072.

王静，周峰，潘瑜，等．2012b. 超模式斜采样遥感图像超分辨复原方法．航天返回与遥感，01：60-66.

王明远．2002. 空间对地观测技术导论．北京：军事谊文出版社．

王忆峰，张海联，李灿文，等．1998. 多传感器数据融合中的配准技术．红外与激光工程，27：38-41.

王正明，朱炬波，等．2006. SAR 图像提高分辨率技术．北京：科学出版社．

吴琼，田越，周春平，等．2008. 遥感图像超分辨率研究的现状和发展．测绘科学，33：66-69.

谢宁，周春平，时春雨．2007. 可见光图像超分辨率技术评价方法研究．北京：北京市遥感信息研究所第二届学术交流会论文集：38-45.

熊桢，童庆禧，郑兰芬．2000. 若干平滑和插值方法对图像空间分辨力估算的影响．遥感学报，1：36-40.

徐杰．2009. 提高星载成像传感器空间分辨率的方法研究．西安：西安电子科技大学硕士学位论文．

杨博雄，肖莺．2005. 超级 CCD 的基本原理与关键技术．传感器世界，11（2）：25-28.

杨吉龙，陈秀万，周春平，等．2003. 基于对角线错位合成方法的超分辨率遥感图像重建．地理与地理信息科学，4：124-135.

尹志达，周春平．2015. 超分辨率采样模式中的高模式和超模式对比研究．首都师范大学学报（自然科学版），01：77-80.

袁小华，刘春平，夏德深．2005. 基于小波内插的遥感图像超分辨率增强．计算机工程与应用，11：53-54.

张亮，谷勇霞．2003. 超级 CCD 原理．传感器技术，22（4）：5-10.

赵宁宁，张爱武，王京萌，等．2014. 结合自适应倒易晶胞和 HMT 模型的斜采样遥感图像复原方法．计算机辅助设计与图形学学报，（11）：1966-1973.

郑小松，周春平，陈秀万．2003. 超分辨率技术与遥感图像重建．北京：提高卫星空间分辨率学术研讨会论文集：65-74.

郑钰辉，汤杨，陈强，等．2009. 提高斜模式遥感图像有效分辨率的方法．计算机辅助设计与图形学学报，21（2）：243-249.

周春平，田越，吴胜利．2001. 一种提高 CCD 成像卫星空间分辨率的方法研究．北京：首届全国航天学术研讨会．

周春平，田越，季统凯，等．2002a. 遥感卫星超分辨率技术研究．北京：技术科学论坛 2002 年学术报告会论文集．中国科学院技术科学部：321-345.

周春平，田越，季统凯，等．2002b. 遥感卫星超分辨率研究与应用综述．电子信息学术会议，6：21-34.

周春平，田越，季统凯，等．2002c. 一种提高 CCD 成像卫星空间分辨率的方法研究．遥感学报，3：34-42.

周春平, 文江平, 等. 2002d. 不同空间分辨率遥感图像成像模拟. 北京: 总装卫星有效载荷及
应用专业组 "卫星应用效能仿真与评估" 学术会议: 124-135.

周春平, 吴胜利, 石宇, 等. 2003a. 遥感卫星超分辨率研究与应用的现状和发展. 北京: 提高
卫星空间分辨率学术研讨会论文集: 215-224.

周春平, 吴胜利, 石宇, 等. 2003b. 遥感卫星 "斜模式" 采样研究. 北京: 提高卫星空间分
辨率学术研讨会论文集: 48-63.

周春平, 吴胜利, 时春雨, 等. 2003c. 提高 CCD 成像卫星空间分辨率图像重建方法研究. 北
京: 提高卫星空间分辨率学术研讨会论文集: 65-76.

周春平, 宫辉力, 李小娟, 等. 2009. 遥感图像 MTF 复原国内研究现状. 航天返回与遥感,
30: 14-23.

周峰, 乌崇德. 2002. 提高航天传输型 CCD 相机地面像元分辨率方法研究. 航天返回与遥感,
23 (3): 35-42.

周峰, 王世涛, 王怀义. 2002. 关于亚像元成像技术几个问题的探讨. 航天返回与遥感,
23 (4): 26-33.

周峰, 王怀义, 陆春玲. 2004. 超模式采样在资源红外相机中的应用研究. 航天返回与遥感,
25 (1): 33-37.

周峰, 王怀义, 马文坡, 等. 2005. 传输型光学遥感器斜模式采样新方法研究. 航天返回与遥
感, 26 (3): 43-46.

周峰, 王怀义, 马文坡, 等. 2006. 提高线阵采样式光学遥感器图像空间分辨率的新方法研究.
宇航学报, 27 (2): 227-232.

Bose N K, Kim H C, Valenzuela H M. 1993. Recursive total least squares algorithm for image
reconstruction from noisy, undersampled frames. Multidimensional Systems and Signal Processing,
4 (3): 253-268.

Cheeseman P, Kanefsky B, Kraft R, et al. 1996. Super-resolved surface reconstruction from multiple
images. Kluwer, Santa Barbara, CA. In Maximum Entropy and Bayesian Methods: 293-308.

Elad M, Feuer A. 1997. Restoration of a single superresolution image from several blurred, noisy, and
undersampled measured images. IEEE Trans. IP, 6 (12): 1646-1658.

Hardie R C, Barnard K J, Armstrong E E. 1997. Joint MAP registration and high-resolution image es-
timation using a sequence of undersampled images. IEEE Trans. IP, 6 (12): 1621-1633.

Hardie R C, Barnard K J, Bognar J G, et al. 1998. High-resolution image reconstruction from a
sequence of rotated and translated frames and its application to an infrared imaging system. Optical
Engineering, 37 (1): 247-260.

Hong M C, Kang M G, Katsaggelos A K. 1997. A regu-larized multichannel restoration approach for
globally optimal high resolution video sequence. San Jose. SPIE VCIP, 3024: 1306-1316.

Irani M, Peleg S. 1991. Improving resolution by image registration. CVGIP: Graphical Models and
Image Processing, 53: 231-239.

Kim S P, Bose N K, Valenzuela H M. 1990. Recursive reconstruction of high resolution image from
noisy unsampled multiframes. IEEE Transactions on acoustics, Speech, and Signal Processing,
38 (6): 1013-1027.

Kim S P, Su W Y. 1993. Recursive high-resolution reconstruction of blurred multiframe images. IEEE Transactions on Image Processing, 2 (4): 534-539.

Kim S P, Bose N K, Valenzuela H M. 1993. Recursive recontruction of high resolution Image from noisy unsarnpled multiframe image IEEE. Transaction Image Processing, 2 (4): 534-539

Komatsu T, Igarashi T, Aizawa K, et al. 1993. Very high resolution imaging scheme with multiple different aperture cameras. Signal Processing Image Communication, 5: 511-526.

Lurie J B. 1999. The new instrument concept to follow up and improve the SPOT program success. EUROPTO Conference on Sensors, Systems, and Next-Generation Satellites, Florence, Italy. SPIE, 3870: 4-13.

Patti A J, Sezan M I, Tekalp A M. 1994. High-resolution image reconstruction from a low-resolution image sequence in the presence of time-varying motion blur. 0-8186-6950-0/94 ©1994 IEEE: 343-347.

Patti A J, Tekalp A M, Sezan M I. 1998. A new motion compensated reduced order model Kalman filter for space-varying restoration of progressive and interlaced video. IEEE Trans. IP, 7 (4): 543-554.

Peleg S, Naor J, Hartley R, et al. 1984. Multi-resolution Texture Sig natures Using Min-Max Operators. 7 th ICPR, Montreal, Canada: 97-99.

Schultz R R, Stevenson R L. 1996. Extraction of high-resolution frames from video sequences. IEEE Trans. IP, 5 (6): 996-1011.

Tekalp A M, Ozkan M K, Sezan M I. 1992. High-resolution image reconstruction from lower-resolution image sequences and space-varying image restoration. In ICASSP, San Francisco. III: 169-172.

Tom B C, Katsaggelos A K. 1994. Reconstruction of a high resolution image from multiple degraded mis-registered low resolution images. Chicago. In SPIE VCIP, 2308: 971-981.

Tom B C, Katsaggelos A K. 1996. An iterative algorithm for improving the resolution of video sequences. In SPIE VCIP, 2727: 1430-1438.

Tsai R Y, Huang T S. 1984. Multiframe Image Restoration and Registration. Advances in Computer Vision and Image Processing, JAI Press Inc.

Ur H, Gross D. 1992. Improved resolution from subpixel shifted pictures. CVGIP: Graphical models and Image Pro-cessing, 54: 181-186.

Wald L, Ranchin T, Mangolini M. 1997. Fusion of satellite images of different spatial resolutions: assessing the quality of resulting images. Photogrammetric Engineering and Remote Sensing, 63 (6): 691-699.

Zhou C P, Yao H J. 2000. The study of theoretical method for improving the spatial resolution of satellite images with CCD cameras. Proceedings of International Symposium on Remote Sensing, No-vember: 1-3.